科学
KEXUE
原来这样学
YUANLAI ZHEYANG XUE

生命 的进化之旅

郑永春　主编

葛旭　王原　著

浙江少年儿童出版社·杭州

图书在版编目（CIP）数据

生命的进化之旅/葛旭，王原著;郑永春主编. —
杭州:浙江少年儿童出版社,2020.12(2022.11重印)
（科学原来这样学）
ISBN 978-7-5597-2239-3

Ⅰ.①生… Ⅱ.①葛… ②王… ③郑… Ⅲ.①进化论
—少儿读物 Ⅳ.①Q111-49

中国版本图书馆 CIP 数据核字(2020)第 224638 号

科学原来这样学

生命的进化之旅

SHENGMING DE JINHUA ZHI LÜ

葛旭 王原/著　郑永春/主编

责任编辑	刘楚悦　徐　婷
美术编辑	成慕姣
版式设计	杭州红羽文化创意有限公司
内文插图	左　雅
责任校对	马艾琳
责任印制	孙　诚
出版发行	浙江少年儿童出版社
地　　址	杭州市天目山路 40 号
印　　刷	杭州长命印刷有限公司
经　　销	全国各地新华书店
开　　本	710mm×1000mm　1/16
印　　张	9.25
字　　数	69000
印　　数	8001－11000
版　　次	2020 年 12 月第 1 版
印　　次	2022 年 11 月第 2 次印刷
书　　号	ISBN 978-7-5597-2239-3
定　　价	35.00 元

（如有印装质量问题，影响阅读，请与购买书店或承印厂联系调换）
承印厂联系电话：0571-88533963

前　言

　　科普是"科"和"普"的结合，科普以"科"打头，但关键在"普"。科普的英文翻译之一——science communication，本意是科学的传播和交流。因此，要做好科普，就要把科学与日常生活联系起来，从身边的例子讲起，把冷冰冰的、难以理解的知识，用艺术化的方式表达出来，使其更加"美观"、更加"抓心"、更加"温暖"、更加"接地气"。如此一来，日积月累，可见水滴石穿之功；曲径通幽，必现豁然开朗之境。

学会像科学家一样思考，
是科学教育的精髓

郑永春

自2017年9月1日起，我国开始从小学一年级起在义务教育阶段全面开设科学课，这对于提高全民科学素养、为建设创新型国家奠定教育基础至关重要。但我们也应当理性客观地认识到，我国的教育体系此前并没有系统性开展科学教育的传统。在我看来，由于缺乏人才队伍的建设和相关经验的积累，科学教育在中国还面临着许多问题、困难和挑战。

一、面临的问题

1. 缺少专业化的科学教师队伍

目前，各级师范院校中开设了专门的科学教育专业的并不多。教育系统的科学教研员和科学教师大多是从其他岗位转过来的，从业时间不长。据不完全统计，80%的科学教师没有理工科的专业背景，他们对"科学的本质是什么""科学家是如何思考的"这两个关键问题的理解不深。在这种情况下，怎样才能上好科学课？

2. 科学家在科学教育中缺位

中小学教育与科技界之间的"两张皮"现象颇为严重：探月工程、载人航天、"蛟龙"入海、南极科考等科研领域的最新进展，在科学教育中鲜有体现；科研机构、高等院校与中小学之间、科学家与科学教师之间缺乏足够的沟通和交流。

3. 科学课在教育系统中地位低

科学教育在中国还是新生事物，没有得到应有的重视。科学课在很多学校都是边缘学科，与语、数、外等"主课"相比，显得可有可无。

唯有正视科学教育目前存在的问题，请进来，走出去，广开门路，促进科技界与教育界的密切互动，才能有效地提升科学教育的质量和水平。

二、存在的困难

1. 科学教育谁来做

在科学教育中，科学家负责回答教什么、学什么的问题，设计学习内容；科学教师负责解决怎么教、怎么学的问题，设计学习进阶。两者合力，相辅相成，才能共创科教未来。应将科学家的科学精神、科学态度、科学思维、科学方法与科学教师的教育理念、教

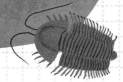

学手段相融合，让科学课变成一门学生喜爱、学有所得并发自内心地主动学习的课程，成为学生的快乐源泉。

2. 科学教师如何做

（1）作为一名科学教师，首先应该要成为一名科学爱好者。只有自己对科学有兴趣，爱科学、懂科学，才有资格和说服力去教学生学科学。如果科学教师本身对科学不感兴趣，是科学的门外汉，只知其然而不知其所以然，那么教科学的结果不仅不能激发学生的兴趣，还会适得其反。

（2）作为一名科学教师，不仅要教给学生科学知识，还要教他们学会科学精神、科学思维、科学方法。教师是学生的启蒙者，正所谓"师者，所以传道受业解惑也"。科学教师向学生传授准确的科学知识、培养创造性思维、训练发现新知识的方法，这对学生未来的发展有着深远的影响。

（3）作为一名科学教师，应当积极主动与科学家沟通、交流，要树立自信，"敢"于同科学家对话，向科学家发问。只有多沟通、多探讨，才能充分了解科学家的思维方式和科学方法，并将其运用到教学工作中。正如萧伯纳所说："如果你有一个苹果，我有一个苹果，彼此交换，我们每个人仍只有一个苹果；如果你有一种思想，我有一种思想，彼此交换，我们每个人就有了两种思想，甚至多于

两种思想。"

（4）作为一名科学教师，应致力于提升自身的科学素养。不仅要经常参加科学讲座、科普活动，更要抱着学习、取经的心态，争取多参与一些科学研究课题。只有亲历科学研究的过程，才能更好地理解科学思维、科学方法，并将其付诸实践。

3. 科学家如何做

（1）要树立社会责任感，关注基础教育，尤其是科学教育，把传播科学、启蒙后辈作为自己应尽的社会责任。

（2）要积极参与中小学教材编写、中高考命题、基础教育课程标准制定、课程质量评估和教材审查等工作，提升教学内容的科学性、准确性，帮助科学教师明确教学目标，科学合理地分配教学任务。

（3）要走出实验室、象牙塔，走进中小学的一线教学阵地，切实了解当前中小学科学教育的现状、存在的问题和面临的挑战，积极踊跃地提出富有建设性的意见和建议。

三、科学研究对科学教育的启示

科学研究虽然没有固定的范式，但大致要经历几个步骤：在发现问题、提出问题、解决问题的过程中，经历查阅文献→调查研究→设计实验→开展实验→分析实验结果→提出结论→验证结论等步骤。有些步骤甚至要反复进行多次，才能逐渐逼近较为科学的答案。具体过程会因问题的不同而稍有差异，但整体的逻辑是相似的。

1. 聚焦核心问题，采用不同方法

对于科学教育，不能完全照搬或模仿科学家的研究过程，而应在保证科学严谨、逻辑清晰的前提下，对研究过程进行简化，以更好地适应中小学不同阶段的教学需求，灵活变通，因"人"制宜。

2. 注重思维训练，反复锻炼提高

反复的实验和论证使研究结果更加精准，经得起时间的检验。科研过程看似简单，但一步步坚持做下来，需要持之以恒的毅力、滴水穿石的耐心、批判质疑的精神和不怕失败的强大内心。科学思维、科学方法是无法速成的，而是在具体实践中反复训练、逐渐养成的习惯。

3. 注重探索过程，提高综合能力

以提升核心素养为目的的科学教育重在过程，不必陷入对具体知识的纠结，应认真践行规范化、流程化的科研训练。因为科学的实证精神是反直觉的，科学方法只能在实践中反复训练而成。科学教育旨在培养学生的科学思维和科学方法，使他们学会探索未知。

科学研究是一个发现问题、解决问题的过程。它不仅能锻炼学生分析和解决问题的能力、逻辑思维能力、总结归纳能力、团结协

作能力等，还能帮助学生养成严谨的科学态度，在潜移默化中，让科学探究成为他们的思维方式、具体行为，并逐渐内化为良好的科学素养。

四、迎难而上，科学教育怎么做

不同于大学生或研究生阶段的科学研究，中小学生的科学探究可简化为"发现问题→分析问题→解决问题→得出结论→汇报成果"的过程。但有几点需要注意：

（1）提出的问题不应是泛泛的或过于专业的问题。应鼓励学生留心观察日常生活中的点点滴滴，从中发现问题，以激发学生思考的兴趣和探索的热情。

（2）在解决问题的过程中，科学教师应从专业角度给予一定的引导和指导，同时也要充分发挥学生的主观能动性。

（3）学生在进行科学探究时，应定期向科学教师汇报自己的研究进展。科学教师要给予学生充分的展示和陈述的机会。当学生得到认同和鼓励时，就会更有动力、更有兴趣继续做下去，同时也锻炼了表达和演讲能力。

（4）科学课的考核评价方式也很重要——不是机械地给期末考试打分，也不是收到报告就应付了事，而应关注学生的探究过程，发现其中的亮点并给予鼓励，指出存在的问题和不足，并提出未来改进和提高的方向，使学习成果得到升华，让学生们不仅学科学、爱科学，还会用科学，学有所得，学有所期。

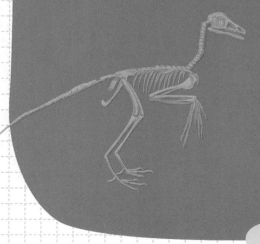

无用之用，方为大用

葛旭 王原

为什么要学习和研究古生物学？

斗转星移，沧海桑田，广袤大地和地球万物的背后是地球46亿年的历史。了解地球历史、生命历史也是了解人类自身的历史和未来。

在浩瀚无穷的海洋里和层峦叠嶂的陆地上，生活着多样而复杂的生物群落。那些微生物、植物、动物之间，以及生物与环境之间有着怎样的联系？假如存在时空隧道，我们或许就能见证生命的出现、恐龙的灭绝、人类的诞生，或许就能解开生命演化过程中的一个个谜团。但目前，时空隧道还只是出现在科幻电影中。

解开这些谜团的主要证据是化石。古生物学家们通过研究存留在岩石中的生物遗体、遗迹，解开这些曾经生存在地球上的远古生物的奥秘。近500年来，科学发现和技术发明不计其数，但是颠覆性的科学革命只有两次：一次是天文学革命。16世纪时，哥白尼提出了"日心说"，认为地球不是宇宙的中心，而是绕着太阳运转的天体中的一员。另一次是生物学革命。经过了历时5年的环球旅行，达尔文在观察了纷繁复杂、看起来杂乱无章的大量生物后，天才般地找到了这些生物之间的内在联系和真正的秩序，认为所有生物有一个共同的祖先，即万物共祖，而自然选择是推动生物演化的真正驱动力。

1929年，中国古人类学家裴文中从北京房山周口店捧出北京猿人的头盖骨，揭开了中国大地化石宝库发现的神秘篇章。中国不但有最好的化石，也有最好的古生物学家。近百年来，中国古生物学家们矢志科研，励精图治，取得了一项又一项震惊世界的科研成果。尤其是近年来，从云南澄江生物群的寒武纪生命大爆发，到辽西热河生物群的飞上蓝天的恐龙，从云南古鱼类颌的起源，到青藏高原古生物的科考新成果，乃至显示最新技术进步的古DNA分析，中国古生物学研究成绩斐然，举世瞩目。而对于孩子们来说，让他们了解包括恐龙在内的曾经生存在地球上的史前生物，培养他们的好奇心，激发他们的探索欲，从而让他们喜欢上古生物学这门学科，进而热爱科学，掌握一些科学方法和科学思想，为长大后从事科研工作打下基础，也是本书作者的殷切希望。

如何在短短20篇有限的篇幅里呈现出波澜壮阔的生物演化史，这对我们来说是一个不小的挑战。因为本书的读者是孩子，我们在撰写时尽量使用了通俗幽默的语言。在本书开篇，我们希望孩子们能够了解一些古生物学的研究方法，因此撰写了相关内容，并着重介绍了达尔文的伟大巨著《物种起源》，借此开启漫漫38亿年的生物演化之旅。本书将生物演化史中的重大事件作为主体脉络，但面对繁茂的"生命之树"，我们只是将主要枝干勾画了出来，略去细枝末节，引导孩子们深入探究。尽管篇幅有限，我们还是尽可能多地在书中介绍了一些中国古生物学研究的新成果，从而激发孩子们的民族自豪感。希望这本书能够作为一块敲门砖，激发孩子们的好奇心和兴趣，为以后更深入的学习打下基础。

最后，我们感谢丛书主编郑永春研究员为我们提供介绍古生物学和生物演化的机会，也感谢刘楚悦编辑的专业帮助。由于作者学识有限，在古生物的题材选择上难免有所偏向，书中也难免出现各种错误，恭请各位读者批评指正。

目 录

跌宕起伏的生命蹉跎

在化石中探寻生命密码

　　生而为人，从孩提时起，我们的脑海里就装满了"十万个为什么"，关于生物，关于地球，关于人类自身。而所有的问题可能都归根于"我们是谁？""我们从何而来？""我们去向何方？"这样的哲学问题。

关于人类的起源，几乎每个民族和文化都有自己的解读。在我国的传统神话故事里，盘古开天辟地后，女娲按照自己的形象用泥巴创造了第一个人。随后，她用树枝蘸上泥巴向地面甩，无数个小泥点变成了人类。可事实真的是这样的吗？

很多小朋友都喜欢神探福尔摩斯和名侦探柯南，因为他们凭借丰富的知识和敏锐的洞察力，根据犯罪现场留下的蛛丝马迹，抽丝剥茧，还原案发现场，从而找到犯罪嫌疑人。地球有约46亿年的历史，那么地层中是否会留下些许证据，从而帮助我们解开人类起源的奥秘呢？一位学者曾经这样说过："记载地球生命的故事就印刻在化石中。尽管这套书写地球的历史之书已经被大自然'撕碎揉烂'，并'散落四方'，然而古生物学家不知疲倦地寻找着岩石中生命演化的蛛丝马迹，执着地将这些不同'章节'中的零散'段落''字句'拼接起来，为人们重现数十亿年来地球生物演化的故事。"其实，古生物学家的工作就如同福尔摩斯一样，需要去收集证据，但不同的是，一个是锁定犯罪嫌疑人，一个则是用化石去揭开生命演化的奥秘。

　　地球生命的故事都印刻在化石里，化石就成了重现生物演化的重要证据。我国关于化石的最早记录，来自我国先秦时期的古老奇书《山海经》，其中有关于"龙骨"的记载。中药铺有一味叫作"龙骨"的中药，难道龙骨就是传说中龙的骨头吗？其实不然，龙骨主要是指数千万年前到数百万年前的犀类、马类、鹿类等古代哺乳动物的骨骼化石，个别龙骨甚至是更久远的爬行动物（包括恐龙）的骨骼化石。这些龙骨成为研究地球历史和生命演化的科学证据。

　　什么是化石呢？简单地说，化石就是存留在岩层中的远古生物的遗体或遗迹。生物死亡后，其遗体或生活中遗留下来的痕迹被当时的泥沙掩埋，经过亿万年的地质演变而形成化石。化石主要分为遗体化石、遗迹化石等。遗体化石，顾名思义就是由生物体遗骸演

变成的化石，其中，动物身体中比较硬的部位才容易形成化石，比如骨骼、牙齿、贝壳等；而动物保留在岩层中的遗物等，会形成遗迹化石。动物的生理活动，比如排泄、繁殖等，会形成粪便化石或蛋化石。通过蛋化石，我们知道恐龙是下蛋的，而且一次下很多蛋。另外，动物的活动痕迹（比如爬行、打洞、行走等）也可能被保留下来，均会形成遗迹化石，其中包括非常重要的足迹化石。古生物学家通过研究这些化石，能判断出动物的身高、体重、奔跑速度等信息。太多的秘密被写进了化石中，等待着古生物学家去揭晓。

那么，化石是如何形成的呢？是不是我们把动物的骨头埋在地里，过几天挖出来就变成化石了呢？小朋友们对泡椒凤爪肯定都不陌生，那鲜咸酸辣的味道让人垂涎欲滴，胃口大开。把鸡爪泡到盐水和辣椒水的混合液体里，一个星期后，美味的泡椒凤爪就做好了。这是什么原理呢？因为盐水中的盐分子通过渗透作用渗入了鸡爪。如果把鸡爪腌上一亿年，鸡肉肯定没有了，或许鸡爪骨骼的形状没有发生大的变化，但盐分子逐渐代替和置换了其中的有机质，鸡爪可能就变成了化石。化石的形成也是同样的道理，在自然环境中，

46亿年

25亿年

36亿年

10亿年

前寒武纪（46亿—5.41亿年前）

寒武纪（5.41亿—4.85亿年前）
寒武纪生命大爆发，最早的脊椎动物出现

奥陶纪（4.85亿—4.44亿年前）
最早的甲胄鱼类出现

志留纪（4.44亿—4.20亿年前）
最早的有颌鱼类出现，无颌鱼形类辐射

泥盆纪（4.20亿—3.59亿年前）
早期有颌鱼类辐射，无颌鱼形类
衰亡，四足动物出现

白垩纪（1.45亿—0.66亿年前）
恐龙衰亡和有胎盘类哺乳动物兴起

石炭纪（3.59亿—2.99亿年前）
两栖动物辐射；羊膜动物出现

古近纪和新近纪（66百万—2.58百万年前）
鸟类和哺乳动物大发展；类人猿出现

侏罗纪（2.01亿—1.45亿年前）
恐龙繁盛，鸟类出现

二叠纪（2.99亿—2.52亿年前）
似哺乳类爬行动物兴起

三叠纪（2.52亿—2.01亿年前）
最早的恐龙和哺乳动物出现

第四纪（258万年前至今）
多种大型兽类的濒危和灭绝，人类出现

脊椎动物演化史示意图（来源：中国古动物馆）

形成化石的条件更复杂，要求更高，比如要有快速的沉积物掩埋使得尸体不被食腐动物破坏；要有含无机盐的水渗透到骨骼中，替换其中的有机质；还要历经高温高压的地质作用，经过数万年、数十万年，甚至数亿年时间的埋藏才可以形成化石。现在，小朋友们把骨头埋在地里，过几天再挖出来，是不能形成化石的。

化石的发现更不容易，一般要满足三个条件：合适的时机、合适的地点和合适的人。合适的时机是指化石一般都埋藏在岩层中，如果去早了，化石还没有因为岩层风化而暴露出来，我们就很难发现它们；如果去晚了，化石就会随着岩石风化、雨水冲刷而消失得无影无踪。至于合适的地点，也很好理解，有些化石埋藏在地下深处，可能永远无法被我们找到；或者埋藏化石的岩石被其他地质作用（比如岩浆活动等）破坏了，那它们就是被埋在了"不合适"的地点。最后，化石的发现还离不开慧眼识珠的"化石猎人"。化石被发现后，需要送往国家科研机构，经过古生物学家们的研究鉴定，才能真正揭开化石背后的秘密。

科学思考

想一想：恐龙蛋化石经过亿万年的埋藏，切开后还会有蛋清和蛋黄吗？另外，粪便化石会有难闻的味道吗？

生命的诞生和起源

在科学探究的征程中，从来就没有"理所当然"，只有凭证据说话。五四运动时期，胡适提出"大胆假设，小心求证"的观点，为当时的人们提供了一种全新的科学思想和科学方法。"大胆假设"就是要打破旧观念的束缚，大胆创新，对未解决的问题提出新的假设；"小心求证"是指通过寻找证据而得出结论，不能用道听途说或者想当然的观点来代替事实，要充分尊重事实、尊重证据，"有一分证据说一分话"。

探究生命起源的奥妙，需要以大量切实的证据作为依据，无数科学家穷尽一生，为之奋斗。近年来，关于生命起源的化石证据也不断涌现，但学术界对这些证据的解读还有不同的观点。

1993年，美国科学家发现了地球上当时公认的最古老的化石——来自澳大利亚西部古老硅质结核中的单细胞生物。这些化石的大小只有几微米到几毫米不等，形态类似于现代的蓝细菌。含化石的岩石年龄在距今35亿—34亿年，因此可以推断，它们至少在这个时间段内就已经出现在地球上了。已知地球的年龄为46亿年，所以生命起源的时间应该在46亿至35亿年前之间。

对生命起源的时间有了初步的判断后，下一步就是继续寻找更早的记录。2016年，澳大利亚科学家在格陵兰岛发现了迄今为止最古老的化石——叠层石，其历史可追溯到37亿年前。叠层石是蓝细菌在岩石中保留的遗迹。蓝细菌粘住水中的细粒沉积物，逐渐硬结、石化，最终层层堆积，形成岩石，这就是叠层石。叠层石的颜色千差万别，形态也丰富多样，有柱状、球状、层状、层柱状等。蓝细菌的出现成为生命演化史的一个重要转折点，因为它们能进行光合作用，产生氧气。亿万年来，蓝细菌与后来出现的植物进行光合作用，产生的氧气积累起来，形成了今天富含氧气的大气层，人类和许多生命形式都依赖氧气而生存。另外，大气中的氧分子在太阳紫外线的作用下形成臭氧层，又成功地阻挡了来自宇宙空间的辐射，从而形成天然的安全屏障，保护地球万物。这是地球上最早的生命吗？目前，又有科学家在格陵兰岛的岩石中发现了新的证据，表明至少在38亿年前，甚至40亿年前就已经出现了生命。但科学界对这些新的化石和最初生命的发现还有不同的意见，展开了热烈的争论。现在，我们已经大致知道了地球生命出现的最早时间，那么下一个问题就来了：生命是如何产生的呢？

生命的组成包括氨基酸。18世纪，现代化学诞生。当时的科学家们大胆假设，认为生命或许是因为特殊的化学反应而产生的，希望通过做实验来证明生命的起源过程。1952年，美国芝加哥大学的研究生米勒设计了一个颇具科幻色彩的实验——模拟原始大气条件。他在大烧杯里装上水，点燃酒精灯不断加热，模拟沸腾的海洋，在装置里装入氢气、甲烷、氨气等混合气体，模拟早期的无氧大气

最高水位线

高水位淹没带
（类似于潮上带）

低水位淹没带
（类似于潮间带）

最低水位线

蓝细菌黏结和沉淀海水中的泥沙等矿物质，在海底形成具有纹层状结构的叠层石丘或叠层石柱。

1

元古代沉积成岩作用

海水上涨，已经形成的叠层石被后期的泥沙掩埋并一起固结成岩，形成"石中石"的雏形。

2

多次地壳运动

现代侵蚀和风化作用

10余亿年的沧桑巨变之后，岩层中的叠层石丘和叠层石柱被侵蚀和风化作用剥离出来，形成现在的"石中石"景观。

3

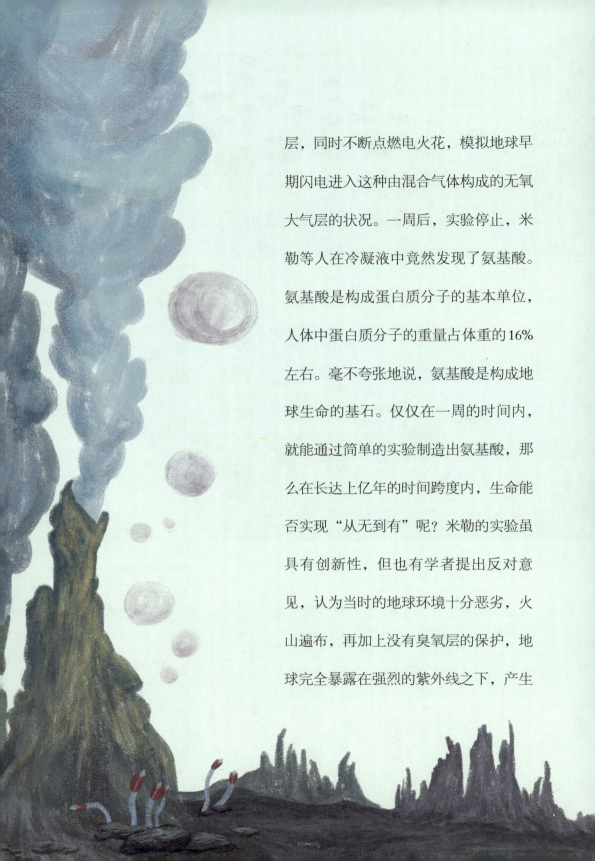

层，同时不断点燃电火花，模拟地球早期闪电进入这种由混合气体构成的无氧大气层的状况。一周后，实验停止，米勒等人在冷凝液中竟然发现了氨基酸。氨基酸是构成蛋白质分子的基本单位，人体中蛋白质分子的重量占体重的16%左右。毫不夸张地说，氨基酸是构成地球生命的基石。仅仅在一周的时间内，就能通过简单的实验制造出氨基酸，那么在长达上亿年的时间跨度内，生命能否实现"从无到有"呢？米勒的实验虽具有创新性，但也有学者提出反对意见，认为当时的地球环境十分恶劣，火山遍布，再加上没有臭氧层的保护，地球完全暴露在强烈的紫外线之下，产生的氨基酸很容易会被破坏。

1871年，达尔文在给好友胡克的一封信中这样写道："生命最早很可能在一个热的小的池子里面。"生命是否起源于海洋？海底"黑烟囱"成为科学家们研究的目标。"黑烟囱"是深海海底的一种特殊地貌，由于深海中富含硫化物的黑色热液从海底岩石裂缝中喷出，并不断沉淀、加高，形成了一种烟囱状的地貌而得名。这个过去一直被认为是高温、高压的"生命禁区"，现在反而有可能成为生命的"襁褓"。1977年，美国科学家在东太平洋海底首次发现了"黑烟囱"。海底"黑烟囱"的发现及研究是全球海洋地质调查近几十年来取得的最重要的科学成就。"黑烟囱"非常符合达尔文所预测的"热的小的池子"这样的独特环境。科学家据此推测，在地球早期的原始海洋中，很可能就存在这样的特异环境，为生命"从无机到有机"的转变提供了特殊的场所。"黑烟囱"里会产生嘌呤、核苷酸、氨基酸等有机大分子，并可能在相对隔离的小环境中形成原始的细胞，也就是最早的地球生命。当然，目前的研究还处于初级阶段，相信在不久的将来，科学家们会找到更多关于生命的起源过程的证据。

　　查阅相关资料，试着画一个模拟生命的起源过程的实验，并标出使用的实验设备。

为什么要学习达尔文

美国学者迈克尔·舍默说过:"达尔文至关重要,因为演化至关重要。演化至关重要,因为科学至关重要。科学至关重要,因为它是精彩绝伦的故事,讲述着我们这个时代;更因为它是恢宏壮阔的史诗,回答着三个问题:我们是谁?我们从何方而来?我们向何方去?"

　　自古英雄出少年，达尔文就是这样一位才华横溢的天才少年。达尔文二十二岁参加环球科考，不到三十岁就提出了进化论的初步思想。这一新的科学理论不仅挑战了宗教界的权威，而且动摇了整个社会的思想体系，使人类意识到在浩瀚的生命形式中，人类并不是"万物之主"，只是"生命之树"上的一片"叶子"。

　　达尔文出身名门，他的外祖父是英国最著名的古瓷业传人之一，祖父是一位诗人，同时也是一位自然科学研究者，父亲是一位医生。良好的家庭氛围和充分的经济保证使得达尔文放弃了医学和神学，从事了自己喜欢的博物学（动物学、植物学、矿物学等自然科学的总称）。能把兴趣作为职业，这确实是达尔文的幸运。正是因为他做

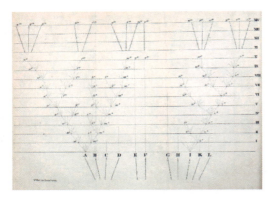

达尔文手绘的"生命之树"图

出的革命性的贡献，才有了"达尔文革命"之说，代表了人类思想史上最翻天覆地的变革。

达尔文曾在爱丁堡大学攻读医学。他的父亲非常希望达尔文子承父业，但达尔文对此毫无兴趣。肄业后，达尔文转至剑桥大学攻读神学，父亲又希望他将来能成为一名牧师。非常有意思的是，这位神学院的学生后来不仅没当成牧师，反而成了"上帝创造万物"学说的坚定反对者。

在剑桥大学就读期间，达尔文有些"不务正业"，把大部分时间都用在了钻研博物学上。他喜欢采集昆虫标本（现在剑桥大学动物学博物馆中还保存着他当年的收藏），也热衷于地质考察，观察各种自然现象。其细致入微的观察能力归根于从小的耳濡目染 —— 在达尔文小时候，父亲出诊时会带着他，所以达尔文小小年纪便学会了观察病人。在父亲不方便时，小达尔文就代为观察，然后父亲会根据他的观察作出正确的诊断。年少时培养的观察能力在日后达尔文探索大自然时派上了用场，似乎有些"歪打正着"。

1831年，刚刚从剑桥大学毕业的达尔文由欣赏他的亨斯洛教授

力荐，自费成为英国海军舰艇"小猎犬号"（又名"贝格尔号"）舰长的私人陪同，开始了长达5年的环球航行。1831年12月7日，"小猎犬号"起航了。这艘军舰的长度只有27米，却要容纳70多人，因此十分拥挤。颠簸不堪的航程、百无聊赖的孤独、遇上狂风暴雨的恐惧以及晕船的不适症状，一度让达尔文考虑放弃。每当他看到返航的船只时，甚至想跳上船去，回到熟悉的家乡。然而正是他那坚持不懈的精神，成就了日后在生物进化理论方面的重要贡献。

"小猎犬号"的行程从英国出发，穿越大西洋，在南美洲东海岸的巴西、阿根廷，西海岸的智利、秘鲁等地，以及相邻的大洋岛屿上考察，接着跨越太平洋至大洋洲，继而越过印度洋到达南非，再绕过好望角，经大西洋回到巴西，然后再次穿越大西洋，最终于1836年10月2日返抵英国。

在巴西的热带雨林，达尔文收获颇丰，短短一天内就轻松采集到68种不同的甲虫，物种的多样性让他倍感震惊。而在南美洲西北方一个赤道附近的太平洋群岛——加拉帕戈斯群岛上，有更多的惊喜在等待着达尔文。

加拉帕戈斯群岛上生活着各种奇异的生物，它们都带有明显的南美大陆的印记，而每个岛屿上的生物又各具特色。比如，各个岛屿上的巨型陆龟在外形上略有不同，当地人可以据此分辨出它们来自哪个岛屿。在雨水相对丰沛、植被长势较好的岛屿上，陆龟不需要太长的脖子就可以获得食物，龟壳前缘只是微微翘起；而在雨水较少、植被较为贫瘠的干旱岛屿上，陆龟为了吃到仙人掌的枝条或是高处树上的叶子，就要伸长脖子，因此拥有极长的颈部，相应地，其龟壳前缘也高高翘起。

达尔文还收集了加拉帕戈斯群岛上很多陆栖鸟（后来被称为"达尔文雀"）的标本。这些陆栖鸟之间具有很近的亲缘关系，但它们的体形、喙和习性却千差万别。吃昆虫的，喙比较窄小；吃坚果或坚硬的种子的，喙非常粗大；吃仙人掌的，喙则非常长。

上述现象引发了达尔文的思考。达尔文猜测，这些爬行动物和陆栖鸟都来自于南美大陆，它们可能是无意间随木筏漂流到加拉帕戈斯群岛的各个岛屿。尽管亲缘关系很近，但由于其生存环境不同，动物的外形就逐渐演化出明显的差异，类似的现象还见于鬣蜥、鸫

鹚、犰狳等。

　　作为剑桥大学神学院的毕业生，达尔文曾对"上帝设计每个物种"的观念深信不疑。然而，五年的环球旅行让他亲眼见证了物种的多样性，以及物种之间的相似性和细微的差别。达尔文于是自问："如果是上帝创造万物，为什么上帝要创造这么多相似的物种？为什么要把物种之间细微的形态差别展现出来呢？"

？科学思考

　　查阅相关资料，了解一下达尔文还取得了哪些卓越的科学成就。

④

生命之树的诞生

在长达5年的环球航行期间（1831—1836），物种可变、自然选择、万物共祖等观点已经慢慢地在达尔文的脑海里形成。作为曾经的神学院学生，他深深地知道，他的理论挑战的是神创论这一当时占主导地位的宗教信条。此后，达尔文潜心整理环球航行中的各种观察记录，寻找生物地理分布和生物多样性的证据以支撑自己的理论。为了让自己更加专业，成为一位更好的生物分类学专家，达尔文甚至花了整整8年的时间，专心致志地研究节肢动物中一个很不起眼的门类——藤壶。1858年，一位年轻的博物学家华莱士也提出了自然选择理论，与达尔文的观点不谋而合。这一机缘巧合直接促使达尔文在1859年发表了他的惊世巨著《物种起源》，而这本500多页的巨著被他自己称为"节略本"。

达尔文学说认为，所有生物都是演化的产物，万物都有一个共同的祖先，而自然选择是演化这一过程的主要推动力。物种不是不变的，而是后天变异、世代传承的。这一学说被誉为人类最伟大的思想之一。

《物种起源》多达500多页，全书只有一幅插图，就是达尔文手绘的著名的"生命之树"图。达尔文认为，生命就如同大树一样，所有的物种都源自这棵树。地球上的所有生命皆源于一个共同的祖先，"生命之树"的根部就是一切生物的起源；每根树权都有交叉点，这个交叉点具有两个物种的相同之处；而那些中断的枝权则代表灭绝的物种。以此类推，"生命之树"开枝散叶，不断生长壮大，分化出成千上万的物种，逐渐长成了一棵参天大树。每一个物种就是一根枝权，任何物种都能在这棵树上找到其位置，包括已经灭绝的和现生的物种。达尔文用这幅图来表达一个核心思想——万物共祖，即所有的物种都是由原来的物种"经过有变异的传衍"演化而来的。如此向前追溯，就得出了地球万物都源自一个共同祖先的结论，而推动这一切的力量就是自然选择。从38亿年前的生命起源，到如今这棵枝繁叶茂的"生命之树"，达尔文从表象中推演出了生命演化的本质。

古生物学家的一项重要任务就是寻找每根树杈的交叉点，进一步说就是寻找那些"缺失的环节"，也可以说是"过渡的环节"。在达尔文时代，由于当时的科技发展水平较低，生命演化的直接证据相当匮乏，化石更是少得可怜。值得庆幸的是，《物种起源》发表2年后的1861年，在德国巴伐利亚州发现了一具几乎完整的骨架化石，体形为鸽子大小，它就是世界上最著名的古鸟——始祖鸟。始祖鸟具有爬行动物的特征，长有牙齿，尾巴中有尾椎骨，翅膀上长有三个爪子。同时，它也具有鸟类的最典型特征——羽毛（当然，现在看来，羽

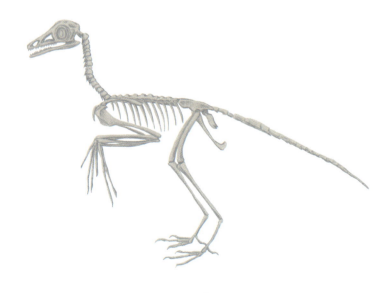

毛也不是鸟类独有的特征），看起来既像鸟类，又像爬行动物。这说明它能够飞行，尽管飞行能力可能较弱，大部分时间它只能在树间滑翔。这一发现恰好证明了达尔文"生命之树"的观点，即一类动物通过中间形态演化成另一类动物，始祖鸟也因此成为爬行动物和鸟类之间的中间环节和过渡类型。

英国学者赫胥黎是达尔文学说的坚定拥护者，据说他有一次吃鸡时，发现鸡的骨骼和小型兽脚类恐龙的骨骼非常相似，因此提出了"鸟类起源于恐龙"的假说。其实，赫胥黎是在分析了大量鸟的骨骼后提出这个观点的。而那时，化石证据还十分匮乏，还不能很好地证明"鸟类起源于恐龙"的假说。

1996年，世界上第一只带羽毛的恐龙 —— 中华龙鸟的化石在中国辽宁省西部出土，掀起了"带羽毛恐龙"发现的热潮。从拥有炫耀性尾羽的尾羽龙，到长有四只翅膀的小盗龙，再到巨大的暴龙类 —— 身披丝状羽毛的羽王龙，一个个惊人的发现帮助古生物学家们厘清了羽毛演化的规律：从最初的丝状羽毛到羽毛分叉，出现羽轴，再呈片状化发展，最后形成不对称羽轴的飞羽。不同类型的羽毛展现的是保温、展示和飞行等不同的功能。羽毛不再是鸟类独有的特征 —— 那些长有羽毛的恐龙其实是鸟类的祖先，"鸟类是未亡的恐龙"的观点得到了大多数古生物学家的认可。

曾经活跃在地球上的动物大部分都灭绝了。由于自然环境变迁、保存条件有限，那些灭绝了的动物很少能以化石的形式被完整地保存下来。而化石形成后，从被人发现到最终进入科研机构或博物馆的就更是凤毛麟角。尽管如此，古生物学家们仍然不断地在野外寻找证据，在室内修复和研究化石，恢复演化过程中缺失的环节，用一个个新发现的物种去完善"生命之树"的每一根枝杈。

？科 学 思 考

查阅相关资料，列举热河生物群还发现了哪些带羽毛的恐龙。它们的羽毛都有什么样的特点呢？

读懂大地之书

　　在浩瀚的宇宙中，有一个不起眼的蔚蓝色的星球，它就是我们赖以生存的地球。地球有46亿年的历史，如果把这46亿年比作一天的24小时，那么在0:00，地球诞生了；凌晨4:10，也就是38亿年前，最早的生命出现了；深夜22:48，恐龙在2.3亿年前出现，并逐渐成为陆地上的霸主；午夜23:58，即700万年前，人类登上了历史的舞台。在跨度如此之大的时间范围内，人类仅仅在午夜的最后2分钟才出现。"寄蜉蝣于天地，渺沧海之一粟。"尽管人类在大自然面前是如此渺小，但几百年来，科学家们一直坚持不懈地解读这本无字的"大地之书"。

　　众所周知，画家达·芬奇创作了著名的油画《蒙娜丽莎》，但是谁又能想到他还是一位地质学家呢？达·芬奇发现，高山上有曾经生活在海里的动物的化石，他心生疑惑：这些本是海洋里的生物，为何会来到山上？达·芬奇推测，这里曾经是海洋，后来随着地壳抬升变成了山脉。看来，早在15世纪的文艺复兴时期，人类就已经发现了海陆变迁的秘密。"三十年河东，三十年河西。""暮去朝来淘不住，遂令东海变桑田。"——对于地质变迁，中国的古人也很早就有了朴素的认识。

　　近百年来，作为现代科学之一的地质学得到了快速发展，"大地之书"的神秘面纱正在被科学家们慢慢揭开。岩石是保存地球奥秘的重要载体，科学家根据岩石的形成环境和形成过程，将其分为岩浆岩（也称火成岩）、沉积岩和变质岩。这些岩石历经风吹、雨淋和日晒等风化作用，被流水带入江河、湖泊，形成沉积物。在陆地上生活的动植物死亡后，它们的遗体也会随着各种沉积物埋藏在水里。含遗体的沉积物先沉积的在下，后沉积的在上，层层沉积叠加，就形成了地层。年代久远的地层在下面，年代较近的地层在上面，层层叠加，如同一本厚厚的书。每一段地层都对应一定的时间，根据这些地层，科学家可以辨认出时间的先后顺序，也可以通过这些不同时期形成的地层，划分出地层的"章节"。

不同时期形成的地层，依据其所对应的时间的长短，如同年、月、日一样，由大到小依次分成宇、界、系、统、阶等不同的地层单位，其对应的年代单位分别为宙、代、纪、世、期等。比如，恐龙生活在中生代侏罗纪，相对应的地层单位便为中生界侏罗系。如此一来，时间和空间就一一严格对应了起来。

在亿万年的地质作用下，"大地之书"的很多地方已不再规整、标准，原本水平的地层变得歪歪扭扭、断裂甚至遍布褶皱。尤其是受剧烈的构造运动（指地球内引力引起岩石圈地质体变形、位移的

机械运动）的影响，地层的上下关系甚至能够颠倒。要想把这本打乱的"大地之书"研究清楚，化石起到关键的作用。生物演化有其自身的规律，一般来说，结构从简单到复杂，演化也具有阶段性和不可逆性。只要能认出化石所代表的生物，就可以将其同其他地层中的化石进行比较，从而确定地层的顺序。不同年代的地层中具有不同的古生物化石组合，反之，相同年代的地层中就具有相同或相似的古生物化石组合。古生物化石的形式、结构越简单，地层的年代就越久远，反之则越近。根据这套理论，古生物学家不仅可以确定地层的先后顺序，还可以推算地层形成的大致时间。

18世纪时，英国学者赫顿根据野外考察的经验，提出了"均变说"的理论，认为能用现在观察到的现象去解释过去的地质事件，这样就可以看到过去世界的影子。19世纪30年代，英国地质学家莱伊尔发表了著名的《地质学原理》，提出了"将今论古"的思想，丰富了赫顿的理论。"将今论古"是一种比较法，通过对过去遗留下来的地质现象与现在的地质现象做对比，反推古代地质事件的发生过程。据说达尔文在5年的环球航行中，一直随身携带着这本书。现

在，科学家们也在用类似的方法推测过去。

当然，还有很多其他的解读方法，比如同位素测年法、"金钉子"（全球界线层型剖面和点位）标准、古地磁法、标准化石法等。随着科学技术水平的提高，在未来，科学家们将采用更先进、更前沿的方法来进一步解读这本记载着地球历史的"大地之书"。

？科 学 思 考

解读"大地之书"的方法有许多，你能够比较这些方法的优势与劣势吗？

不起眼的小生命

　　"生命最早很可能在一个热的小的池子里面。"达尔文的推断让科学家们在探索生命起源的道路上向前迈出了一大步。最早的生命不但个头很小，而且数量稀少，谁能想到这些毫不起眼的小生命经过亿万年的演化，竟然变得如此多姿多彩？从深邃海洋到广袤大地，从地下深处到高远云端，生命无处不在，遍布地球，让这个美丽的蓝色星球生机勃勃。

地球上最早的生命是一些单细胞的细菌。这些细菌的细胞内没有真正的细胞核，被称为原核生物。因为没有细胞核，遗传物质就分散在细胞质中。它们是地球上最原始的生命，也是生存年代最久、分布区域最广泛的生命。在距今38亿—23亿年间，当时的地球几乎是原核生物的天下。原核生物的霸主地位持续了数十亿年之久，甚至在现代海洋中，仍然有90%的生命属于原核生物。

当时，由于地球的大气中几乎没有氧气，这些原核生物生活在几乎无氧的环境中，也被称作厌氧细菌。蓝细菌就是这样的原核生物，它们含有叶绿素，"给点阳光就灿烂"——能以阳光为能量进行光合作用，释放出氧气。可以说，它们是氧气的始创者，也是大气层中氧气"第一桶金"的贡献者。蓝细菌具有极强的黏附能力，在早期海洋中形成了大量的叠层石。这些叠层石聚集太阳的能量进行光合作用，在代谢过程中释放出氧气，大气中氧气的积聚为后来真核生物的出现提供了必要条件。所以，叠层石堪称生物圈的缔造者。叠层石在我国多个地区的古老地层中都有分布，其中最著名的当属位于天津市蓟州区的国家地质公园。小朋友们如果有机会，可以去领略一下叠层石的壮观风采。

令人惊奇的是，科学家们于20世纪80年代在澳大利亚西海岸发现了现生的叠层石群落。这些叠层石生长在海滩上，水下的叠层石表面有一串串的小气泡冒出来，这些小气泡就是氧气。这一发现为研究地球早期生命的演化提供了重要的证据。

在地球早期的生态系统中，只有生产者，没有食草动物，更没有食肉动物。由于没有竞争，也就没有食物链，所以生命演化的速度非常缓慢，一直在"慢车道"悠然徘徊，演化的时间单位以亿年来计算。

由于原核生物为地球提供了大量的氧气，满足了真核生物有氧代谢的需求，同时氧气的增加导致臭氧层形成，吸收了大部分紫外线，地球上的环境越来越适合真核生物的生存发展了。据古生物学家推测，在约23亿—22亿年前，单细胞的真核生物登上了历史舞台。真核生物的细胞体积要比原核生物细胞的体积大3至4倍，其遗传物质都被安置在细胞核里。真核生物的光合作用效率更高，为进一步演化出多细胞动物和植物、加快生物演化的速度提供了必要条

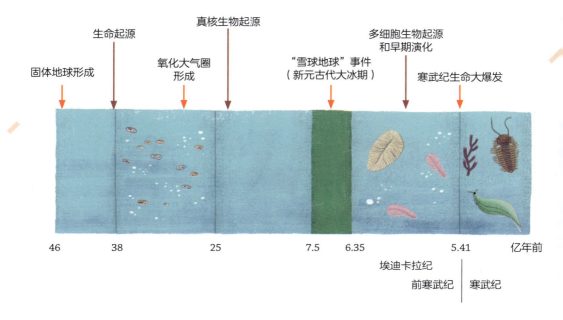

固体地球形成　生命起源　氧化大气圈形成　真核生物起源　"雪球地球"事件（新元古代大冰期）　多细胞生物起源和早期演化　寒武纪生命大爆发

46　38　25　7.5　6.35　5.41　亿年前

埃迪卡拉纪

前寒武纪　｜　寒武纪

早期生命演化的重大事件

件。从此，生物的演化进入了风驰电掣的"快车道"。

　　然而，生命演化的道路并不是一帆风顺的，突如其来的"雪球地球"事件几乎让整个演化进程停滞。"雪球地球"事件是指地球在某个时期处于极寒的环境中，地球被冰雪覆盖，平均气温降至零下50摄氏度，连赤道地区都成了冰天雪地。当时的气候环境与现在南极地区的气候环境相似，蔚蓝色的"水球"变成了雪白色的"冰球"。这样的极端事件在约24亿年前和7亿年前都发生过。值得庆幸的是，尽管地球遭遇了"瞬间速冻"，但并不是地球上所有的生命活动都停滞了。在频繁活跃的火山口与海底热液喷口等地，生命在狭缝中幸存下来，这些地方也成为生命延续的避难所。

尽管地球表面被厚厚的冰雪覆盖，但地球内部的活动并没有停止，它依然拥有一颗火热的"芯"。火山活动释放出大量的温室气体，当温室效应累积到一定程度，就可以给地球"升温"，冰川便开始融化。忽如一夜春风来，冰与火的极端拉锯逐渐终结，复杂动物诞生的曙光开始映现。

"雪球地球"事件之后，地球生命发生了翻天覆地的变化。距今6.35亿—5.4亿年，大型的真核多细胞生物开始出现，海洋生态系统开始变得复杂起来。这些生物多以遗迹化石的形式被保存了下来，主要为类似水母类、蠕虫和节肢动物形状的浅海底栖动物，它们大多是没有骨骼的无脊椎动物。很快，海底热闹了起来，生命演化的下一次高潮即将到来 —— 那就是寒武纪生命大爆发。

科学思考

查阅相关资料，阐述一下早期生命的演化事件吧，并画出示意图吧。

寒武纪生命大爆发

生命的演化如同开汽车一样，当天气恶劣、路面崎岖不平时，我们会小心驾驶，减速慢行；而当风和日丽、路况良好畅通时，我们则会开足马力，一路风驰电掣。

距今6.35亿—5.41亿年的时期被称为埃迪卡拉纪，又称震旦纪，是我们常说的"前寒武纪"中的最后一个时期。这一时期的动物比较原始，数量稀少且难以找到，为古生物学家提供的证据有限。这些动物大多固着在海底，行为方式简单，甚至缺乏运动、取食和消化等器官。化石的类型和属种也都非常单调，很多生物的分类归属问题尚有待考证。因为没有金字塔形的生态链，这一时期的动物大多以自养的方式生活，彼此之间和平相处。但随后，海绵动物、腔肠动物等多细胞动物开始出现，为寒武纪生命大爆发的华丽乐章奏响了前奏。

进入寒武纪后，在寒武纪早期（距今5.41亿—5.13亿年），具有矿化骨骼的无脊椎动物大量出现，成为寒武纪生命大爆发这一壮美史诗的开篇。这些动物大多个体微小，形态多样，体外有硬壳保护，且这些硬壳较容易被保存下来，成为化石。古生物学家将这种寒武纪早期出现的原始的带壳的小动物化石统称为"小壳化石"。小壳化石分布广泛，数量较多，在世界各地都有发现，对于研究后生动物的起源、进化具有十分重要的意义。

与长达数亿年的远古时代相比，某个具体的年份显得微不足道。但在某个特定的时刻、特殊的地点，看似平平无奇的一把榔头，却敲开了沉睡5.2亿年的惊天秘密，敲出了整个寒武纪生命演化的高潮。1984年，中国科学院南京地质古生物研究所的侯先光，在云南省玉溪市澄江县境内郁郁葱葱的帽天山上，用一把榔头发现了澄江化石动物群，整个寒武纪的神秘面纱就此徐徐揭开。就像一首歌中所唱："大海就是我故乡，海边出生，海里成长……"寒武纪的生物门类都来自海洋，包括腕足动物门、软体动物门、脊索动物门等多个动物门类，共计220余种动物。在寒武纪早期，几乎所有主要的现生动物门类都在很短的时间内如雨后春笋般忽然爆发。于是，寒武纪成为现生动物门类的历史起点，"生命之树"的大框架基本搭建完成，复杂的海洋生态系统也从此建立起来。

寒武纪生命大爆发以我国云南澄江生物群为代表，古生物学家们发现了门类繁多、数量巨大的动物化石，其中就有我们所熟知的三叶虫。三叶虫是节肢动物的一种，它们的身体分为背、腹两面，背甲由前向后分为头甲、胸甲和尾甲三部分，背甲又被两条纵沟纵

向分成大致相等的三部分，故得"三叶虫"之名。在寒武纪时期，三叶虫演化出了繁多的类群和巨大的数量，是当时地球上名副其实的统治者，有人甚至把寒武纪称为"三叶虫时代"。

澄江生物群中还包括体长可达2米的奇虾。它们长有一对带柄的巨眼，躯干两侧长有11对浆状叶，还拥有如同绞肉机般的大型口器，口器直径最大可达25厘米。奇虾的口中有多排环状排列的外齿，这些可怕的牙齿是肢解三叶虫的利器。奇虾被认为是海洋生态系统中最早的顶级捕食者，也是寒武纪生命大爆发时期最具代表性的明星动物之一。正是因为它们的存在，寒武纪开始出现金字塔形的食物链。

澄江生物群中还发现了体长只有3—4厘米的鱼形动物。在浩瀚无际的海洋中，这些名为海口鱼的小鱼是那么不起眼，但不要小瞧它们，它们可是有"骨气"的鱼。因为在海口鱼的体内，已经出现了原始的脊椎骨，它们是生命演化史上当之无愧的"巨人"。海口鱼的身体表面没有鳞片，也没有外骨骼覆盖，它们的头部已经形成，具备嗅觉、视觉和听觉等基本能力，还有背鳍和鳃囊。海口鱼的发

耳材村海口鱼群体化石（来源：舒德干）

现，标志着脊椎动物家族出现了第一个最古老的成员，也开启了整个脊椎动物类群的演化。原始脊椎骨的出现成为脊椎动物演化历史中的第一个关键的演化节点。

从46亿年前地球诞生，到5亿多年前寒武纪生命大爆发之前，地球生命的演化非常缓慢，它们基本都是自养型，没有形成较为完整的食物链。可为什么到了寒武纪，会出现生命大爆发，形成多种门类动物"集体亮相"、同时存在的繁荣景象呢？

寒武纪生命大爆发一直是困扰着科学界的一大难题。科学家们为此提出了不同的假说，其中有一种假说认为，由于地球大气层中和海洋中的氧气含量突然增加，生物的体形生长变大，于是出现了顶级的巨大掠食者，威胁到其他生物的生存。为了生存，各种动物只能到处躲避，"建造"外壳或内骨骼保护自己。同时，海水中钙离子的浓度增加，为动物们"建造"外壳和内骨骼提供了矿物质。种种因素累加，最终导致了寒武纪生命大爆发。

　　在寒武纪生命大爆发之后，发生了多次生物大辐射事件，每一次都促进了生物多样性的快速发展，其中最著名的莫过于奥陶纪生物大辐射。彼时地球气候转暖，形成了大量温暖的浅海环境，随后，在志留纪出现了长有真正颌骨的鱼（前文所述的海口鱼没有颌骨）。到了约2亿年前，在三叠纪晚期发生了第四次生物大灭绝，爬行动物遭遇重创，裸子植物崛起，取代了蕨类植物，幸存下来的恐龙也逐渐发展为中生代的陆地霸主。在6600万年前的白垩纪末期，陆地上的霸主恐龙在经历了长达1.6亿年之久的辉煌历程后，纷纷轰然倒地，直至灭绝。曾经生活在恐龙阴影下的哺乳动物在浩劫中生存了下来，"弱者逆袭"，并在随后的古近纪初期迅速辐射，占领各种生态位，地球开始成为哺乳动物的乐园。正是经历了这些生物大辐射，演化才进入了一个又一个新的阶段。

查阅相关资料，想一想：澄江生物群中有什么奇特的生物？并描述它们的特征。

8

有颌的感觉真好

假如有人请你吃大餐，鸡鸭鱼肉、生猛海鲜应有尽有。但正当你准备大快朵颐时，却被要求不能用嘴巴咀嚼，只能用一根粗粗的吸管吸食，你的脑海中会不会冒出一万个问号呢？

脊椎动物的演化初期就有这样"悲催"的鱼，它们只能用嘴巴吸取食物，被称为"无颌类"。地球上的第一条鱼——海口鱼的出现，揭开了脊椎动物演化的第一个篇章——脊椎骨出现了。但这些最早的鱼类都属于无颌类，也就是说，它们没有能够上下开合的嘴巴。在5.2亿年前静谧的浅海里，这些小鱼缓慢地游动，用它们圆形或是狭缝状的嘴巴通过吸取海底的泥沙或过滤海水来获取食物，要想获取一顿饕餮大餐是痴心妄想。

随着时间的推移，海洋里出现了一群"披盔挂甲"的鱼，被称为"甲胄鱼"。别看它们身披"盔甲"，耀武扬威，但都是外强中干的"纸老虎"，仅仅是样子吓人而已。和海口鱼一样，甲胄鱼也只能用构造简单的嘴巴吮吸或滤食，所以也属于无颌类。它们身上厚实的"盔甲"是为了应对当时海洋中各种凶猛的节肢动物而存在的。值得庆幸的是，机会总是留给有准备的动物。由于大冰期事件的影响，在距今4.44亿年的奥陶纪末期，发生了寒武纪以来的第一次生物大灭绝。大量无脊椎动物灭亡，腾出了丰富的生态位，甲胄鱼终于扬眉吐气，迎来了辐射式的蓬勃发展。甲胄鱼类是个复杂的类群，分异成异甲鱼类、缺甲鱼类、花鳞鱼类及盔甲鱼类等。这些鱼类的体形、长相各异，长度从几厘米到几十厘米不等，形状也千差万别，有纺锤形、马蹄形等。它们只有单个的尾鳍，没有成对的胸鳍和腹鳍，头部和身体前部有骨质甲片，行动缓慢，过着滤食性的生活。甲胄鱼类的分布非常广泛，在世界各地都有它们的踪迹。尽管这些盔甲勇士曾经傲视天下，但好景不长，在3.6亿年前的泥盆纪末期，甲胄鱼类灭绝了。至于灭绝原因，真可谓"成也萧何，败也萧何"——甲胄鱼类坚硬的"盔甲"虽然有效地保护了自己，但也让它们付出了代价。古生物学家们猜测，这些笨重的"盔甲"极大地限制了它们快速运动和主动捕食的能力，最终导致它们退出了历史的舞台。

在漫长的地质历史时期，整个无颌类家族只有七鳃鳗类和盲鳗类两个类群熬过了严酷的环境变化而存活至今，但它们仅占现生脊椎动物物种数的约0.2%。七鳃鳗和盲鳗的嘴巴都呈圆口形，全身裸露没有鳞片，没有硬组织，它们的脊椎骨也是软骨质的。七鳃鳗的头部两侧各有七个鳃孔，与眼睛排成一行，从侧面看就像八个眼

睛，因此又被称为"八目鳗"。当它们用圆盘状的嘴巴吸住猎物的时候，那简直是猎物的噩梦。那张藏着无数角质小齿的嘴巴是刮肉吸血的利器，不吃饱绝不松口，七鳃鳗也因此被称为恐怖的"水中吸血鬼"。

2006年，中国科学院古脊椎动物与古人类研究所的张弥曼院士和她的团队在内蒙古自治区白垩纪早期的地层中发现了非常完整的孟氏中生鳗化石，它被称为"中生代的水中吸血鬼"。研究发现，与现生的七鳃鳗类一样，中生鳗的生命经历三个阶段：幼体期、变态发育期和成体期。中生鳗在这三个阶段的形态特征和生活习性迥异。而1.25亿年前的孟氏中生鳗与现代的七鳃鳗习性和形态几乎没有差别。中生鳗有洄游习性，幼体在淡水河中生活，完成变态发育后，顺流来到海洋。待繁殖季成熟后，成年个体则溯河而上产卵繁殖后代，此后不久便死去，生命周而复始。地球历经地壳变迁，沧海变桑田，天堑变通途，可谁又能想象这些习性却能保留亿万年，亘古不变，让人不得不感叹大自然的神奇。

到了距今4.35亿年的志留纪早中期，在我国浙江省发现了一种盔

浙江曙鱼复原模型（制作：王晓龙）

甲鱼，名为"曙鱼"。研究发现，这种无颌类的脑颅结构已经发生了重要改变，颌骨的雏形已经开始孕育，代表了脊椎动物从无颌向有颌演化的一个重要环节。颌骨的出现意义重大，有了上下颌，脊椎动物不仅可以撕咬猎物，主动获取各种美味，还可以与同类竞争或者反抗捕食者。当然，到了后期，辅助发声的"聒噪"功能也产生了。

2013年，中国古生物学家在云南省古老的志留纪地层中发现了一件保存完好、距今4.2亿年的古鱼化石，并将其命名为"初始全颌

初始全颌鱼化石（来源：中国古动物馆）

鱼"。它是地球上已知最早拥有颌骨构造的脊椎动物。从生物演化的

角度来看，人类面部的颌骨构造也可以追溯到这位鱼类"老祖宗"，

脊椎动物第二个关键的演化事件 —— 颌的出现就此发生。自此，有

颌类动物由滤食生活方式转向主动的出击捕食，提高了取食与适应

能力，迅速占领了更广阔的生态位。

　　这项发现为我们打开了一扇全新的窗口，让我们带着诸多谜团

去溯本求源。

科学观察

收集无颌类动物的视频资料，观察一下，无颌类动物有什么样的特点？快把你的观察记录和观察心得写下来吧！

9

陆地上的最早探险家

"兵马未动，粮草先行。"植物就是最早登上陆地的先行者和成功者。它们在陆地上海量繁衍，释放出大量氧气，大大增加了大气中氧气的浓度，使得整个陆地的生态环境得到改善。植物的发展演化为那些勇敢登陆的无脊椎动物（如各种蠕虫、节肢动物等）和原始四足动物（如鱼石螈等）提供了适宜的生存环境和充足的食物来源。

大约6亿年前，植物中最早的登陆先驱——地衣吹响了进军陆地的号角。地衣是由真菌和绿藻（或蓝细菌）结合而成的共生体，它们可以在严峻的环境条件下生长，比如植物最早登陆时的可能环境——沿海地区海水变化频繁的潮间带（指平均最高潮位和最低潮位之间的海岸）。虽然这算不上一次真正意义的登陆，但也是一次大胆的尝试，对陆地生态系统有所改变。

在奥陶纪早期到泥盆纪（距今4亿多—3亿多年），地球陆地上生存着一种类似苔藓的植物，称为隐孢植物，它们是当时陆地生态系统中的主要类群。尽管隐孢植物的个体细小，但却有着强大的繁殖能力，孢子囊能产生大量隐孢子，形成数量庞大的后代，真可谓"子子孙孙无穷匮也"。隐孢植物还有超强的适应能力，能够在极端

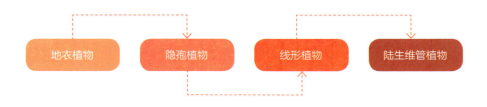

植物的演化过程

恶劣的气候环境中生存。正是因为这些特征，再加上隐孢植物的光合作用能力，使得陆地温度下降，大气中的氧气浓度增加。尽管隐孢植物改善了陆地环境，但在与陆生维管植物的生存斗争中却最终败下阵来，于泥盆纪末期退出了历史舞台。

奥陶纪中期到泥盆纪期间，地球上生存着一种线形植物——原杉藻，这是一种真菌或地衣类植物。古生物学家们猜测，它们最高可达8米，直径约为1米，是当时生物界中的庞然大物。这些形态简单的"低等"植物曾遍布全球。可惜，线形植物的表面有很多气孔，不能控制自身的水分蒸发，无法锁住水分。这一致命的缺陷使得线形植物无法完全适应陆地生活，于泥盆纪后就彻底走向了衰败。

隐孢植物和线形植物仿佛是曾经绽放过的璀璨烟火，虽然只拥有一瞬间的绚丽，最终成为整个漫长的历史长河中的匆匆过客，但却在化石记录中各自写下了它们曾经的辉煌。

地球上真正的植物主宰是维管植物。维管植物是指具有维管组织的植物。维管组织能支撑植物体，又能快速地运送液体（包括水分和养分），因此维管植物具有特殊的陆地生存优势。维管植物包括

极少部分的苔藓植物、蕨类植物、裸子植物和被子植物（后二者合称为种子植物）。在奥陶纪晚期的陆地上，已经出现了现生维管植物的祖先类群——早期陆生维管植物。

植物要想成为陆地上的优势物种，需要满足三个条件：第一，植物体表既要能呼吸，还要能锁住水分，这就需要有气孔和角质层

发挥作用——气孔可以和外界进行气体交换，角质层有利于防止水分蒸发。第二，植物在陆地生长还必须长有类似电梯的结构，能将水和营养物质输送到植物的不同部位，这个"电梯"结构就是维管束。第三，特别的繁殖方式也有助于植物在陆地上扎根生存。蕨类植物依靠孢子囊繁衍后代，孢子囊里有大量孢子，孢子可以在空气中散播繁殖；裸子植物和被子植物则主要依靠种子来繁殖。

从奥陶纪时维管植物出现，到泥盆纪晚期陆生维管植物发展极为繁盛，维管植物占领了陆地的不同生态位。泥盆纪时期，地球上已经出现了最早的森林。当时的森林主要由三种类型的植物组成：前裸子植物、石松植物和枝蕨类植物。严格来说，因为这三者都依靠孢子繁殖，所以都归入蕨类植物。前裸子植物的典型代表是古羊齿，它们广泛分布在世界各地的地层中。现在，古生物学家发现的很多古生代的硅化木就是前裸子植物，目前已经灭绝。石松最早出现在志留纪，在石炭纪和二叠纪时极为繁盛。高大的石松是古生代森林的重要组成部分，现在的煤大多就是石松经过成煤作用形成的。如今，石松只幸存了少数几个属，大多分布在炎热潮湿的地区。枝

蕨类植物的高度可达5—6米，拥有复杂的分枝系统。

到了三叠纪以后，裸子植物开始占据森林中重要的生态位。裸子植物包括银杏类、苏铁类、松柏类等。它们的繁殖器官是种子，且种子裸露，故得此名。许多裸子植物一直生活到现在，被称为"活化石"，如银杏、水杉等。

古生物学家根据化石记录推断，至少在白垩纪早期就已经演化出了被子植物。被子植物的种子一般被果皮和果肉所包裹。如今，被子植物种类繁多、数量庞大，成为现生维管植物中占据绝对优势的植物类群。

1. 现在，很多人喜欢养多肉植物。分析一下：为什么多肉植物不用浇很多水就能长得很好？

2. 想一想：植物是如何演化的？试着用思维导图的形式进行归纳和总结吧。

勇敢者的游戏 —— 登陆

　　38亿年前，生命起源于海洋。海洋孕育了最早的生命，但生命的步伐不会止步于此。生命的演化一旦启动，就会一直向前。在距今6亿多年，最早的登陆先驱率先登上陆地。最早登陆的植物尽管还比较弱小，但依然成为了拓展陆地领域的开路先锋。到了泥盆纪中晚期，大型的石松类等蕨类植物和裸子植物在陆地上已经非常普遍了。这些植物开疆拓土，迅速占领了陆地的生态位，改善了原本恶劣的陆地环境，为后来登陆的动物的繁衍生息提供了多维度的保障，包括适宜的生存环境和美味的食物来源。

　　我们在前文中提到，志留纪时期有颌类动物的出现，使脊椎动物从相对被动的滤食方式转向主动的捕食方式，提高了适应环境的能力。泥盆纪期间，有颌类脊椎动物的兴起和无颌类动物的衰败正说明了颌的重要意义。从此，有颌类动物迅速占领大部分的水域。到今天，地球上99.8%的脊椎动物都属于有颌类，当然也包括我们人类自己。有颌类出现后，演化没有停滞，继续向前。

　　在距今约3.6亿年的泥盆纪晚期，地壳活动加剧，造山运动使得陆地面积不断扩展。一方面，炎热的气候使陆地上的水体面临季节性的干旱，而且特殊的植被环境造成了水体缺氧。这对于水中生存的鱼类来说，都是艰难的考验。另一方面，陆地面积不断增大，这片广袤的处女地等待着勇敢者来发现和探险。是生存还是毁灭？终于，有这样一群勇敢的鱼，它们不甘墨守成规，利用自身的优势，毅然决然地登上陆地，陆地成了它们的新家园。

　　这群勇敢的鱼就是肉鳍鱼。它们长有肉质的鱼鳍，鱼鳍里面不是常见的鳍条，而是真正的骨头，还有肌肉包裹，这种鱼鳍就像胳膊和腿一样，因此肉鳍鱼堪称当之无愧的"长有胳膊和腿的鱼"。肉鳍鱼类包括空棘鱼类、爪齿鱼类、肺鱼形类和四足形类等类群。其中，爪齿鱼类已经彻底灭绝，肺鱼类的现生种类仅剩三属六种，它们的鱼鳔与肺相似，在干旱的环境下能借助鱼鳔呼吸。拉蒂迈鱼是地球上幸存的空棘鱼类。过去，许多古生物学家都以为空棘鱼类在白垩纪末期就与恐龙一起灭绝了（但后来，古生物学家们发现，恐龙也没有完全灭绝，详见后文），没想到在非洲的科摩罗和亚洲的印度尼西亚相继发现了它们的现生代表 —— 拉蒂迈鱼。

1938年12月23日，博物馆馆员拉蒂迈小姐在南非东伦敦海港里发现了一条体长1.5米、形状奇特、长有肉质鱼鳍的大鱼。她赶紧画草图寄给正在度假的鱼类学家史密斯教授，后者立刻意识到这一发现的重要性 —— 这条鱼长得和早已灭绝的空棘鱼几乎一模一样。为了纪念拉蒂迈小姐的贡献，这条空棘鱼被命名为"拉蒂迈鱼"。第二条拉蒂迈鱼直到14年后的1952年才被发现。

从1938年至今，全世界一共从深海中捕捞到200多条拉蒂迈鱼，我国获赠了其中的6—7条。目前在中国古动物馆展出的是其中保存最好、最为完整的一条。

　　拉蒂迈鱼有八个鱼鳍，其中胸鳍和腹鳍是成对的。除了第一背鳍外，其余七个鱼鳍均为肉质的鱼鳍，胸鳍和腹鳍的内部发育有骨骼。它们通过拍打胸鳍和腹鳍，在深海中慢慢地游泳，如同四足动物在陆上行走。这种鱼身披蓝色的鱼鳞，仿佛水中的蓝精灵一般。最特别的是，拉蒂迈鱼与它4亿多年前的祖先相比，形态几乎没有差别，时间仿佛在它的身上静止了 —— 它保留了从鱼类向陆生四足脊椎动物演化的过渡形态，那四个肉质的鱼鳍将在它祖先的身上演化为登陆用的四肢。拉蒂迈鱼也因此被称为"活化石"。

　　肉鳍鱼的登陆面临着诸多挑战：如何在陆地上呼吸？如何支撑自己的身体，并在陆地上自由地行动？

　　我们都知道，鱼在水中呼吸主要依靠鱼鳃（通过鳃丝中的微细血管获取水中的氧气），也有不少鱼长有鱼鳔，可以调节身体的浮沉，甚至辅助呼吸。鱼鳔和陆生动物的肺同源，但鱼类的鼻孔不与鱼鳔直接相连，这就需要内鼻孔把二者关联起来。鱼类在头的两侧各有两个外鼻孔，前面的是进水孔，后面的是出水孔。水从两对外鼻孔流过，鱼类只能闻闻水的味道而已，还不能用这样的鼻孔呼吸。

而陆生的四足动物只有一对外鼻孔（比如我们人类），但在鼻腔内部还有一对孔，被称为内鼻孔，是鼻腔与咽腔连接的通道。外界的空气通过外鼻孔、内鼻孔和咽腔，顺利进入肺部，我们才能够畅快地大口呼吸。

由此可见，内鼻孔的演化是一个非常重要的创新。我国古生物学家在云南省曲靖市发现的肯氏鱼被称为"豁嘴的鱼"，它代表了从肉鳍鱼类向四足动物演化的过渡阶段。它的上颌骨和前上颌骨之间

肯氏鱼的鳞片化石（来源：中国古动物馆）

有一个缺口，在后续的演化过程中，这个缺口会"漂移"到口腔内，演化为内鼻孔。人类在胚胎发育的过程中，上颌也长有一个豁口，只不过在发育后期，这个豁口就会闭合。但有的小朋友因为种种因素，在胚胎发育的过程中豁口不能闭合，生下来就会有"兔唇"。万万没想到，这种疾病竟然是从人类的鱼祖先那里传下来的。

四足动物登陆后，需要借助四肢支撑身体。于是，它们的肩胛骨和乌喙骨变得更加强壮，进一步加强了前肢的支撑力，而后肢的演化则相对较慢。古生物学家们推测，最早登陆的脊椎动物大多都是用前肢画圈的方式在陆地上行走的，那笨拙、滑稽的步态像极了现在热带海岸边的弹涂鱼。登陆后的四足动物演化出了指（趾）骨，能够更好地抓握地面。其早期的指（趾）数为6—8个，后来减少至5个并固定下来。

经历了一系列身体上的演化后，这些四足"探险家们"终于逐渐适应了陆地生活，并向更广阔的陆地深处进发。它们面临的下一个挑战是如何更好地摆脱对水的依赖 —— 特别是在生殖的过程中，并最终成为陆地真正的主人。

？科学思考

1. 拉蒂迈鱼化石的发现背后还有一个非常有趣的小故事。查阅相关资料，深入了解一下吧！

2. 查阅相关资料，看看中国古动物馆还珍藏了哪些珍稀的古动物化石和标本？自己动手设计一条有趣的古动物研学路线吧！

先有鸡还是先有蛋

　　到底是先有鸡，还是先有蛋？鸡生蛋，蛋生鸡，关于谁最先出现的争论似乎陷入了无限循环。这个问题甚至上升为一个哲学问题，困扰人类至今。不过，古生物学家却有自己独特的解题思路，而且对此有明确的答案！

首先，我们要明确的问题是：什么是蛋？然后，我们去寻找最早的蛋化石，再研究一下鸡最早出现在什么时候，就能知道问题的答案了。

我们都知道，在脊椎动物中，鱼类、两栖动物、传统意义的爬行动物，以及鸟类（包括鸡）都主要以产卵的方式进行繁殖（虽然它们的卵各有不同）；而哺乳动物（除了原始的鸭嘴兽等）都是胎生的，直接生产幼崽。鱼类生活在水域中，它们的卵大多呈胶冻状，单粒或聚集成群，与我们常见的乌龟蛋、鸟蛋差异显著。在距今3.6亿年的泥盆纪晚期，一群拥有肉质鱼鳍的鱼演化出具趾的四肢，勇敢地登上陆地，并从此改名为四足动物。早期的四足动物也就是广义的两栖动物，典型代表有生活在格陵兰岛的鱼石螈、棘石螈，生活在中国的潘氏中国螈。它们已经可以用肺呼吸，但后肢和尾巴更擅长划水，因此古生物学家推测，它们在水中可能生活得更加自如。最新的一项研究显示，当鱼石螈在陆地上行走时，只能用强壮的前肢拖动全身，一点点地笨拙前行，其运动方式有点类似现生的弹涂鱼。尽管鱼石螈和它的小伙伴们步履蹒跚，但却勇敢地迈出了登上

现生蛙卵（来源：王原）

陆地的关键的第一步。到了石炭纪早期，四足动物中的离片椎类（幼

体形似现生两栖类的幼体）已经能在陆地上自由穿行了，但是它们

和现生两栖类（如蛙类、蝾螈类）一样，还是需要回到水中产卵。

古生物学家推测，这些动物的卵同鱼卵一样，被胶状物质包裹着，

一旦脱离水，胶状物干化，卵就会失去了保护（因此也难以形成化

石）。这是脊椎动物从水生到陆生的一次重大革命，但其生殖过程仍

然没有完全摆脱对水的依赖，所以它们还不能被称作真正的陆地王

者，直到爬行动物出现。

爬行动物的卵有一层钙质的硬壳保护（但早期爬行动物的卵的外壳很可能是柔韧的革质的）。这些硬质的壳不仅可以保护胚胎，进行气体交换，还能防止卵内水分的蒸发，避免创伤和减少细菌的侵害。除了硬质外壳的保护，卵内还有多重的膜囊系统，其中，直接包裹胚胎的膜叫作羊膜，因此这种卵也被称为羊膜卵。我们平常吃的鸡蛋就是羊膜卵的典型代表，蜥蜴、鳄、龟等爬行动物的卵，以及所有鸟类的卵也都是羊膜卵。哺乳动物的胚胎外也包覆着一层羊膜，所以爬行动物、鸟类和哺乳动物都属于羊膜动物。

羊膜卵就像一个私人定制的自给自足的小泳池。绒毛膜包裹着胚胎和卵黄（负责给胚胎提供营养）；羊水保证胚胎在发育过程中始终处在液体中，保护胚胎，避免胚胎干化；羊膜除了保护胚胎外，还能够交换空气；尿囊则负责储存胚胎排出的废弃物。随着胚胎的不断成长，卵黄囊提供的营养慢慢减少，直至萎缩，而尿囊里存储的废弃物则越来越多——这就是精妙的蛋的系统。古生物学家对蛋的定义，就是指羊膜卵。羊膜卵的出现是脊椎动物演化史中继脊椎

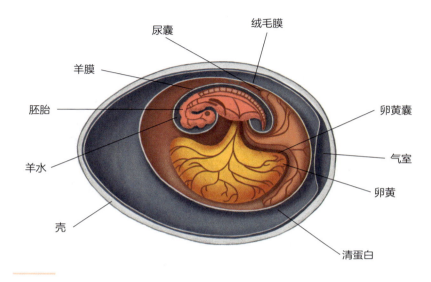

羊膜卵结构图

骨的出现、颌的出现、四足动物登陆后的又一个重大的演化事件。

最典型的羊膜卵化石就是恐龙蛋。我国河南西峡、广东河源、江西赣州等地都是著名的恐龙蛋化石产地，仅河源恐龙博物馆就收藏了近2万枚恐龙蛋，其年代均在白垩纪晚期，令人大饱眼福。古生物学家在云南禄丰也发现了距今约2亿年的恐龙胚胎化石。目前，已知最早的羊膜卵化石来自距今2.8亿年的二叠纪早期的中龙。古生物学家推断，羊膜卵出现的时间应该更早，但早期的羊膜卵很难以化石的形式保存下来，由此推测，它们的外壳较薄，且很可能是革质的。古生物学家根据系统发育学的知识推测，最早的羊膜卵应该出现在距今3亿多年的石炭纪晚期，来自加拿大，一种叫作林蜥的动物被认为是最早的羊膜动物，它应该能产下真正的羊膜卵。希望在不久的将来，我们能够在地层中找到最早的羊膜卵化石，来验证古生物学家的预言。

通过上文的介绍，我们知道了最早的蛋（羊膜卵）应该出现在3亿多年前，那最早的鸡呢？现在我们知道，恐龙家族并没有完全灭绝，其中的一支飞上蓝天，演化成鸟类。而鸡是从原始的鸟类中分化出来的，属于鸟纲，鸡形目，雉科。最早的鸟类祖先 —— 始祖鸟出现在约1.5亿年前，而鸡形目出现的时间更晚，大约在8000万年前，远远晚于羊膜卵出现的时间。因此，在古生物学家看来，答案是非常明确的：先有蛋，再有鸡！读到这儿，小朋友们中午不妨吃一顿美味又营养的西红柿炒蛋，尝尝羊膜卵的味道如何吧！

小心地敲开一枚鸡蛋，试着分析这枚鸡蛋的内部结构，并画出示意图。

追寻中生代的陆地霸主

　　提起恐龙，几乎所有的小朋友都感兴趣。恐龙家族曾经是陆地上的霸主，家族成员也各具特色，有身轻如燕、只有几百克重的"小精灵"，也有重达数十吨的"重量级选手"；有高大的"巨人"，也有矮小的"侏儒"；有身披鳞片的，也有身披羽毛的；有在地上跑的，也有在天上飞的；有凶猛食肉的霸王龙，也有温柔食草的马鬃龙。恐龙的身上几乎汇集了小朋友喜欢的所有特质，也是最能激发小朋友好奇心、想象力和探索精神的史前动物。

恐龙是生活在中生代的能够直立行走的陆地爬行动物。中生代被称作"恐龙的时代"，恐龙也被称作"中生代的霸主"。中生代包括三叠纪（距今2.52亿—2.01亿年）、侏罗纪（距今2.01亿—1.45亿年）和白垩纪（距今1.45亿—6600万年）三个时期。恐龙在三叠纪晚期（约2.3亿年前）出现在地球上，在侏罗纪和白垩纪时期都十分繁盛。

恐龙在出现后不久就开始快速分化，主要分为鸟臀类和蜥臀类两大类，这是根据恐龙臀部的腰带骨骼的结构特征划分的。腰带骨骼是连接脊柱和后肢的一系列骨骼，包括两个肠骨、两个耻骨和两个坐骨。鸟臀类恐龙的耻骨主干向后下方近乎平行地延伸，与现代鸟类相似，故得此名。鸟臀类恐龙主要包括甲龙类、剑龙类、鸟脚类、肿头龙类和角龙类等，都是植食性恐龙。蜥臀类恐龙的耻骨向前下方延伸，与现代蜥蜴相似，故得此名。蜥臀类恐龙主要分为兽脚类和蜥脚型类两大类，兽脚类恐龙大部分食肉，一般都长有锋利的牙齿和尖锐的爪子，行动敏捷；蜥脚型类恐龙是恐龙家族中的"大胃王"，但全都是"素食主义者"。它们演化出了许多体形巨大的恐龙，其中包括身长接近40米的世界上已知最大的恐龙，堪称陆地上的超级"巨人"。

提起知名度最高的恐龙，很多小朋友首先想到的肯定是霸王龙、三角龙等，但这些都是国外的恐龙。目前，全世界已经发现并命名了1000多种恐龙。根据中国古动物馆的统计，截至2020年12月，中国已根据骨骼化石研究命名了330多种恐龙，是世界上恐龙种类最多的国家。

不过目前，我国还没有发现三叠纪时期的恐龙骨骼化石，只发现了疑似的恐龙足迹化石。20世纪30年代末，我国古生物学家在云南省禄丰县发现了侏罗纪早期的恐龙骨骼化石，这是我国已知年代最早的恐龙化石。抗日战争期间，中国古生物学家们转移到大后方云南，虽然颠沛流离，生活艰苦，但依然力争上游，科研报国，继续进行地质踏勘和化石挖掘工作。1941年，古脊椎学家杨钟健将云南禄丰发现的恐龙骨架研究命名为"许氏禄丰龙"。命名"许氏"是杨钟健向对其帮助很大的德国古生物学家许耐表示感谢之意。许氏禄丰龙是中国人第一次独立发现、发掘、研究、装架的恐龙。它的

体长约6米，属于植食性恐龙。后来，古生物学家在云南禄丰还发现了肉食性恐龙 —— 三叠中国龙，因为当时认为恐龙化石产出的层位是三叠系地层，故得此名。但现在，学术界普遍认为三叠中国龙生存的年代实际上在侏罗纪早期，距今约1.9亿年。

四川省是中国侏罗纪中晚期恐龙的乐园，古生物学家在这里发现了大型的蜥脚类、兽脚类，以及鸟臀类的化石。蜥脚类恐龙包括"中国恐龙巨星"马门溪龙和有尾锤的峨眉龙。其中，马门溪龙有19节颈椎，是世界上已知脖子最长的恐龙。兽脚类恐龙中的永川龙属于异特龙类，体长可达10米，是当时陆地上的霸主，常把幼年的蜥脚类恐龙作为自己的美餐。这里还生活着各种鸟臀类恐龙，比如世界上已知最古老的剑龙 —— 太白华阳龙。与其他进步的剑龙相比，华阳龙的体形比较小，身长只有4.5米，但背上有两列又细又尖的骨板，再加上尾部的两对锋利的棘刺，连肉食性恐龙都拿它没办法，无从下"口"。

辽宁省的热河生物群是一个"毛茸茸"的恐龙世界。这里生活着大量长着羽毛的恐龙，生存年代为距今1.3亿—1.2亿年的白垩纪早期。自1996年一个农民在此地发现第一块带羽毛的恐龙化石 —— 中华龙鸟化石起，随着大规模的科学发掘，大量带羽毛的恐龙化石重见天日，揭开了恐龙与鸟类演化以及羽毛演化的秘密。其中，人气极高的华丽羽王龙属于暴龙超科，是霸王龙的原始祖先，体长可达9米。科研人员通过分析推测，块头这么大的恐龙竟然身披丝状羽毛，说明当时辽西地区的气候较为寒冷，可能与现在的气候相似，为了适应寒冷的环境，恐龙的身体表面发育出羽毛来保暖。

古生物学家在热河生物群中还发现了几种尾羽龙化石，它们属于窃蛋龙类 —— 当然，窃蛋龙"名不符实"，它们并不偷蛋，是被"冤枉"的。尾羽龙前肢和尾部的羽毛与现生鸟类的飞羽类似，是一种带有羽轴的羽毛。这种片状的羽毛和来自燕辽生物群（分布在我国辽宁省西部、河北省北部和内蒙古自治区东南部，名字来自我国古代不同地区建国的燕国和辽朝）的胡氏耀龙的羽毛类似，不具备保温或飞行能力，只能用于展示和炫耀，类似于雄孔雀的尾羽。

顾氏小盗龙是一种小型的恐爪龙类，它的羽毛的羽轴已经弯曲，且羽轴不对称，具有飞行能力。而且，小盗龙的前后肢都长有片状飞羽，所以这是一种拥有四只翅膀、能够飞行的恐龙，也被形象地称为"恐龙中的双翼飞机"。尽管飞得还不那么完美，但在挑战天空的这条道路上，小盗龙已经迈出了勇敢的一步。正是这些带羽毛的恐龙化石的发现，帮助古生物学家们推测出了羽毛演化的整个过程：单根羽毛—带有羽轴的羽毛—带有羽小支的正羽—羽小支相互勾连形成的正羽—羽轴不对称的飞羽。恐龙身上长有羽毛的发现，综合其他似鸟的行为特征，说明恐龙其实没有全部灭绝，它们中的一部分演化成了鸟类。因此可以说，现代的鸟类都是"未亡的恐龙"。

我国山东省的王氏生物群中也出土了大量的恐龙化石，它们的生存年代是白垩纪晚期，也是中生代的恐龙帝国走向衰落的时期。这里发现的恐龙大多体形巨大，且绝大多数都属于鸭嘴龙类。鸭嘴龙类按照头冠的有无，分为平头和带冠两大类。巨型山东龙就属于

前者，是一类非常低调的大型鸭嘴龙。山东诸城还发现了一种大型角龙 —— 诸城中国角龙，这种大型角龙类过去大多见于北美地区。中国角龙这个名字十分"高大上"，可以说是称霸一方。它的头骨加上颈盾可长达2米，真是个大脑袋的家伙！当然，王氏生物群中也少不了肉食性恐龙的身影，比如诸城暴龙。它的体长约10—12米，重约6吨，是中国版的霸王龙。

然而，这一切都在6600万年前灰飞烟灭 —— 一块直径约1万米的陨石砸向地球，产生了一个口径约18万米的大陨石坑。陨石坑蒸发出的岩石灰尘被高高地抛向天空，遮天蔽日，引发了一系列自然

灾害。雪上加霜的是，印度的德干半岛还发生了剧烈的火山喷发。双重打击使得地球上的恐龙遭遇灭顶之灾，一代"枭雄"就此谢幕。值得庆幸的是，少数恐龙演化成鸟类飞上蓝天。现在的1万多种鸟类似乎见证了中生代恐龙帝国的余晖，仿佛重述着它们的史前祖先的辉煌。

? 科 学 思 考

中国是发现恐龙最多的国家，列举几种你最喜欢的中国恐龙，并说说为什么吧！

揭开羽毛演化的奥秘

飞天是人类自古以来的梦想，古希腊神话中就已经有了人类用蜡制作鸟的翅膀飞行的传说。从古到今，人类满怀对天空的渴望，模仿鸟类羽毛的形状，制作出各种稀奇古怪的"翅膀"，希望通过拍打"翅膀"或借助滑翔来一飞冲天。遗憾的是，凭借人造翅膀飞行的尝试最终都以失败告终。

近20多年来，古生物学家在我国辽宁省发现了众多带羽毛的恐龙和早期鸟类的化石，为揭开鸟类的飞天之谜提供了前所未有的化石证据。正如美国自然历史博物馆古生物研究室主任马克·诺雷尔在《发现巨龙》一书中所写的："通常，发现都是零碎的，每次一块碎片……所以对那些从中国辽宁省的化石遗址中不断涌现的大量化石，全球的古生物学家都无甚准备。"

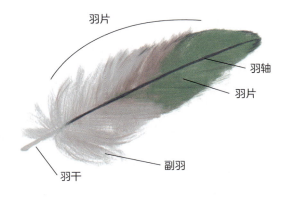

鸟类通过连续拍打灵活有力的翅膀，为自身飞行提供了所需的升力和推力。同时，它们的身体也演化出了适应飞行的中空骨骼（有利于减轻自身体重）和气囊系统（有利于提高呼吸效率）。在整个飞行过程中，羽毛起着至关重要的作用。在相当长的一段时间内，脊椎动物中只有鸟类拥有羽毛。要想研究羽毛的演化过程，就需要从化石中寻找答案。

1860年，世界上最早的羽毛化石被发现于德国巴伐利亚州。一开始，古生物学家只发现了一件羽毛化石，后来又发现了同时保留有羽毛和骨骼的化石，至今已公布了10余件化石标本。这就是世界上最著名的古鸟类——始祖鸟（*Archaeopteryx lithographica*），在拉丁文里的意思是"镌刻在石头里的古老翅膀"。1859年，达尔文发表《物种起源》一书，而始祖鸟正好显示了爬行类和鸟类的双重特征，这似乎验证了达尔文所预言的爬行类和鸟类之间的"缺失的一环"。因为其不可代替的重要性，大英博物馆以700英镑的价格购买了一件保存较完好的始祖鸟化石标本，在当时这可是石破天惊的天文数字，但在现在看来简直物超所值。

自称为"达尔文的斗犬"的英国学者赫胥黎曾详细研究了鸟类的骨骼结构，他于1868年发表的相关论文至今仍被视为经典。赫胥黎不仅认为始祖鸟是鸟类和爬行动物之间的过渡型生物，还将始祖鸟与一种小型恐龙——美颌龙相对比，认为它们的骨骼结构十分相似，这也是世界上首次有科学家将恐龙和鸟类联系在一起。20世纪70年代，耶鲁大学的古生物学家奥斯特罗姆提出，始祖鸟和鸟类都是从恐龙的一支——兽脚类恐龙演化而来的。在20世纪90年代我国辽宁省西部的重大发现前，全世界一共才发现了10余件始祖鸟化石，可关于它的研究论文已有1000多篇，但由于证据太少，羽毛的演化依然是个谜。

　　有古生物学家认为，研究羽毛的生长过程或许可以破解羽毛的演化之谜，于是提出一种假说，即羽毛的演化应该由简单的绒羽、复杂的管状羽管、不对称羽片等若干阶段组成。甚至有古生物学家预测，如果在兽脚类恐龙的化石上发现这样的羽毛形态，那它将被确认为是现代鸟类的祖先。这些预言都亟须化石证据的佐证。

　　羽毛的质地较为脆弱，需要特定的埋藏条件，比如需要被火山灰迅速掩埋才能保存下来，接下来还要经历一系列温度、压力的考验，才能成为化石。而带有羽毛的骨骼化石更是非常罕见。

　　奇迹真的出现了！ 1996年，在我国东北辽宁省西部的一个小山村里，一位农民发现了第一块带羽毛的恐龙骨骼化石，这就是后来被命名为"中华龙鸟"的骨骼化石。此后，各种带羽毛的恐龙化石不断出土，迄今已发现了30多种，全世界的目光都聚焦到这里。随着大量带羽毛的恐龙化石的发现，我国古生物学家逐渐揭开了羽毛演化的秘密。

　　奇异帝龙和华丽羽王龙均属于暴龙超科，和北美洲的霸王龙是亲戚，它们的化石上保存了丝状羽毛。想象一下，1.25亿年前，华丽羽王龙这个身长9米的"恐怖杀手"，身披毛茸茸的"外套"，奔跑在辽西大地上，是多么威风凛凛。古生物学家推测，羽王龙长有长长的丝状羽毛很可能是为了保暖，这反映了当时该地区的气候较为寒冷或至少具有寒冷季节。

意外北票龙属于原始的镰刀龙超科，它的身上也覆盖着大量的丝状羽毛。这种羽毛的结构和

中华龙鸟化石（来源：南京古生物博物馆）

羽王龙的羽毛相似，只是其单根细丝的形态略宽一些。

尾羽龙属于窃蛋龙类，它的前肢短小，全身覆盖着羽毛，和鸟类十分相像。其尾部长有片状羽毛，很可能用于炫耀、展示，吸引配偶的注意力。古生物学家在内蒙古自治区宁城县发现的侏罗纪时期的胡氏耀龙也有类似的炫耀性羽毛。除了羽毛，尾羽龙的胃部还

保留着一堆小石子，这就是现生鸟类的胃中常有的胃石。鸟类的胃石主要用于研磨和消化植物，据此可以推测，尾羽龙的胃石也具有同样的功能。由此看来，尾羽龙不仅外形像鸟类，连行为方式也与鸟类相仿。

小盗龙属于恐爪龙类中的驰龙科，这种恐龙长有四只翅膀，前肢和后肢上都长有不对称的飞羽（羽轴两侧的羽片不对称），只有这样的羽毛才真正具有飞行能力。值得一提的是，人类在挑战天空的过程中，也经历过这样的四翼飞行的阶段。1903年，莱特兄弟发明了世界上第一架依靠自身动力的双翼飞机（分左右的话也是"四翼"），与恐龙学习飞行的"四翼"过程不谋而合。以小盗龙这样的四翅状态，在林间步行非常困难，因此可以推测，其大部分时间应该都在树上栖息或在树木间飞行。因而古生物学家们推断，鸟类飞行可能起源于恐龙树栖。

尾羽龙、羽王龙和最早发现的中华龙鸟都属于白垩纪早期的恐龙，距今约1.25亿年。而始祖鸟的生存年代为侏罗纪晚期，距今约1.5亿年。如果说兽脚类恐龙没有灭绝，而是演化成鸟类飞上了蓝天，那么在时间上就会存在疑问：始祖鸟的羽毛出现的时间早于兽脚类恐龙长出羽毛的时间，这又该如何解释呢？近鸟龙的发现完美地解答了这一疑问 —— 它生活在1.6亿年前，比始祖鸟整整早"生"了1000万年。它的身上既有丝状羽毛，也有羽轴略微弯曲的飞羽。正是因为近鸟龙化石的发现具有极其重要的意义，中国科学院古脊椎动物与古人类研究所的徐星研究员把它命名为"赫氏近鸟龙"，以此来纪念赫胥黎这位伟大的学者。

如今，从兽脚类恐龙演化到鸟类的大框架已经基本确立，但其中还有一些小的拼图缺失，亟待古生物学家们发现新的化石证据去补充。

？ 科 学 思 考

想一想：羽毛演化有几个阶段？每个阶段分别有什么特点？试着从现生鸟类中找到相应的羽毛吧。

14

中生代的天空霸主 —— 翼龙

在脊椎动物大家族中，真正成功挑战天空的只有翼龙（它们不是恐龙）、极少数恐龙（如小盗龙）、鸟类和蝙蝠。它们能够扑翼飞行，即依靠自身动力飞行。而如鼯猴、鼯鼠、飞蜥，以及一些恐龙（如近鸟龙）等动物，它们一般只是爬到树上，然后一跃而下进行滑翔，并不能原地起飞向更高处飞行。这种滑翔不算是真正意义上的飞行。

　　翼龙、蝙蝠、鸟类和其他极少数恐龙在挑战天空时采取的策略是不同的。翼龙和蝙蝠依靠翼膜，借助风力飞行。翼龙用伸长的第四根手指与身体之间形成的皮膜飞行，靠"一指禅神功"征服天空，这是翼龙特有的身体结构。蝙蝠延伸的第二、三、四、五根手指穿过翼膜，这种结构如同纸扇的龙骨，起到支撑、加固翼膜的作用。鸟类和它们的祖先 —— 恐龙则是依靠华丽的"羽衣"飞上云霄。

　　翼龙的翼膜一般由皮肤、肌肉和其他软组织构成。相关实验发现，这种翼膜使翼龙无法像鸟类那样高速飞行，但可以借助气流，进行更加省力且易于操纵的低速飞行。它们不需要消耗很多能量，就可以长时间、长距离地飞行，有些翼龙的化石甚至在距离古海岸线很远的地方被发现。古生物学家据此推测，大型翼龙可以借助气流，不停歇地飞行数十万甚至数百万米。这也可以解释为什么一些亲缘关系很近的翼龙的化石跨海分布在相距甚远的大陆上。

　　翼龙是最早征服天空的脊椎动物，比鸟类至少早7000万年飞上蓝天。它们最早出现在距今2.2亿年的三叠纪晚期，统治地球约1.6亿年，在白垩纪末期和大多数恐龙一起灭绝。在生物分类上，翼龙和恐

龙、鳄类是近亲，都属于主龙类爬行动物。翼龙尤其与恐龙的关系更近，被称为"恐龙的表亲"。但翼龙与恐龙的身体结构不同，不是恐龙，所以也不能被称为"会飞的恐龙"（小盗龙才是"会飞的恐龙"）。

翼龙主要分为两大类：一类是喙嘴龙类，这一类是较为原始的翼龙，生活在三叠纪晚期和侏罗纪，在白垩纪早期灭绝。其主要特征是上下颌都有牙齿，脖子和掌骨较短，尾巴较长。另一类则是翼手龙类，这一类是较为进步的翼龙，生活在侏罗纪晚期到白垩纪晚期，代表着翼龙的鼎盛时期。其主要特征是牙齿多样化，有无齿的，有后端有齿而前端具喙的，也有拥有众多牙齿的，牙齿的形态随食性各异。它们的脖子和掌骨较长，第五指已退化或消失。翼手龙类还长有形态各异的头冠，并有性双形现象（即一个种的雌雄个体的特征不同）。最新研究显示，悟空翼龙类是喙嘴龙类和翼手龙类之间的过渡类型，它的头部已经向较为进步的翼手龙类演化，颈椎和掌骨也相对加长，但还保留了喙嘴龙类的长尾的特征。由此可见，翼龙的演化比较复杂，具有镶嵌演化的特征。

翼龙的体形也多种多样，翼展宽度从几十厘米到十几米不等，大小各异。目前，世界上已知最大的翼龙是发现于美国德克萨斯州的风神翼龙。风神翼龙重约250千克，肱骨长54厘米，古生物学家推测，其翼展可达11—12米，在地面上直立时，高度可比肩长颈鹿。世界上已知最小的翼龙是2008年在我国辽宁省西部的热河生物群中发现的隐居森林翼龙，其翼展只有25厘米，体形娇小，形同麻雀。森林翼龙属于翼手龙类，它的牙齿已经退化，主要以昆虫为食。

2009年，电影《阿凡达》上映。电影里美丽神秘的潘多拉星球上有种名叫"伊卡兰"的飞行翼兽，它的下颌下部长有突出的骨质脊。巧合的是，2014年，中国科学院古脊椎动物与古人类研究所研究员汪筱林和其团队在热河生物群中，发现了与电影中的"伊卡兰"下颌结构相似的翼龙化石，于是将其命名为"阿凡达伊卡兰翼龙"。但在现实中，伊卡兰翼龙的翼展只有1.5米，远不及电影中的巨兽雄伟庞大。不过，这也是艺术和科学的一次完美结合，艺术家大胆的想象竟然得到了科学家的证实。伊卡兰翼龙的下颌骨呈半圆形，下方的弧形脊的边缘平滑似刀片。古生物学家猜测，这种翼龙在捕鱼的时候会贴近水面飞行，将下颌骨部分或全部浸入水中，起到切割水流、瞄准猎物的

作用，迅速将水面猎物捕获。

　　和其他大多数爬行动物一样，翼龙用产卵的方式繁殖后代。2014年，汪筱林团队在新疆维吾尔自治区哈密地区发现了世界上已知最大、最富集的翼龙化石产地，成千上万的翼龙个体混杂在一起，蔚为壮观，其中包括三维立体保存的翼龙蛋和能够区分雌雄的翼龙骨骼化石，这也是世界上首次发现立体状态保存的翼龙蛋。显微研究显示，蛋壳具有双层结构，外层是一层较薄的钙质硬壳，内壳为较厚的革质状软质壳膜，壳膜厚度可达钙质硬壳厚度的3倍。蛋壳的形式和现生锦蛇的蛋类似。正是由于软质的壳膜厚度大，翼龙蛋化石才得以完整地保存下来，成为世界罕见的一大奇观，哈密地区也成为我国又一重要的翼龙化石宝库。

？科学思考

想一想：翼龙是会飞的恐龙吗？比较一下翼龙、鸟类和蝙蝠的飞行方式有哪些不同吧。

15

逆境中成长的吃奶"小精灵"

顾名思义，哺乳动物就是能给它们的幼崽哺乳、喂奶的动物。人类就属于哺乳动物。哺乳动物在整个脊椎动物的演化史中占有重要的地位。最早的哺乳动物出现在约2.3亿年前的三叠纪晚期，几乎和恐龙同时期出现在地球上。可想而知，这群吃奶的"小精灵"在最初的演化道路上并不顺利，一直生活在恐龙霸主的阴影下。

早期的哺乳动物虽然种类不少，也发展出了地栖、树栖、穴居、滑翔、水生等多种生态类型，但它们的个头普遍较小，大多数身长不超过10厘米，几乎没有存在感，因而一直在夹缝中艰难生存。当然也有极个别的特例，例如发现于我国辽宁省热河生物群的爬兽，就属于当时哺乳动物中的"巨无霸"，它们的体长可达1米。古生物学家在一件爬兽化石的胃部区域发现了小恐龙的骨骼遗骸，并据此推测，爬兽会捕食年幼的恐龙或者吃小恐龙的遗体，曾在光天化日下与恐龙竞争。

最早的哺乳动物是由爬行动物中的兽孔类演化而来的。大多数中生代的哺乳动物都不能被归入现生哺乳动物的类群中，其中一些古老的类群与哺乳动物有着紧密的亲缘关系，有时也被称为哺乳形动物，比如贼兽类、摩根齿兽类、柱齿兽类等。而一些较进步的类群如多瘤齿兽类（形态、习性与啮齿类相似）、真三尖齿兽类、对齿兽类等，已经属于真正的哺乳动物的范畴，只可惜它们同样没有留下现生的代表。

根据化石记录，至少在白垩纪时期，现生哺乳动物的类群（原兽

类、有袋类和真兽类）已经出现在地球上了。原兽类是卵生的哺乳动物，现生的原兽类包括鸭嘴兽和针鼹类，它们还保存着爬行动物产卵的原始特征。在现生的有袋类中，最为人们熟知的是蹦蹦跳跳的袋鼠和憨态可掬的树袋熊（又名考拉）。在我国辽宁省热河生物群的白垩系地层中发现的中国袋兽被一些学者认为是最古老的有袋类。真兽类又称有胎盘类，现生的95%的哺乳动物都属于真兽类。已知最早的真兽类也是在热河生物群白垩系地层中发现的，被称为始祖兽，具有典型的树栖习性。

尽管一直"委屈"地生活在恐龙的阴影下，但哺乳动物厚积薄发，时刻准备着。虽然没有恐龙伟岸显赫的体形，但由于能够胎生（直接产下幼崽）、产奶哺乳后代、长有毛发从而维持体温恒定，哺乳动物拥有显著的生存优势，为它们以后在新生代的大发展奠定了基础。6600万年前，白垩纪末期的生物大灭绝结束了恐龙不可一世、称霸地球的局面，但哺乳动物并没有立即登上食物链的顶端，因为巨型的不会飞的鸟类是当时陆地上最强大的食肉动物，那个时候也被称为"鸟吃马的时代"——当时，恐怖鸟（又名骇鸟）身高可达3米，而那时的马的块头只比狗大一点，令人不禁啼笑皆非。但在接下来的生态位争夺战中，韬光养晦的哺乳动物们成为最后的赢家，逐渐发展建立起自己的"海陆空三军"。

值得一提的是，研究古代哺乳动物的古生物学家有时会被戏称为"牙科医生"，这与哺乳动物的另一大特点——牙齿分化有关。因为埋藏原因，地层中很难保存动物的毛发、肌肉、内脏等，而牙齿、骨骼等因质地坚硬，更容易被保存下来。牙齿相比骨骼更为坚硬，有时候也能为古生物学家提供更多的分类学信息。比如，爬行动物大多生有同型齿（即牙齿的外形相同），而哺乳动物的一个显著的进步特征就是生有异型齿，即牙齿发生了分化。

哺乳动物的牙齿分化为门齿、犬齿、前臼齿和臼齿（前臼齿和臼齿合称为颊齿），各种牙齿分工明确，分别执行切割、穿刺、研磨等任务。由于食性等生活习性不同，哺乳动物各个类群的牙齿的形态和结构的差异非常显著，特别是颊齿。杂食性的灵长类（包括人类）的颊齿齿尖呈圆形小丘状，属于丘齿型，可压碎和碾磨食物；偶蹄类（如鹿和牛）的颊齿齿尖多是新月形，这是由于食草被磨损，形成参

差不齐的表面；兔形类和啮齿类的颊齿则属于脊齿型，它们的颊齿齿尖完全融合成脊，有利于研磨食物。

所以，对于研究哺乳动物化石的古生物学家来说，往往通过一颗牙齿（最好是颊齿），就可以大致判断牙齿的主人属于哪个类群。对牙齿的"情有独钟"也让他们获得了"牙科医生"的奇特称号。

如何区分哺乳动物和爬行动物的头骨化石呢？这里有一个小窍门：除了总体结构和牙齿形态的差异，我们还可以根据听小骨进行判断。哺乳动物有三块听小骨，分别为锤骨、砧骨和镫骨。三者连成一

串，锤骨在最外面，与鼓膜相接；镫骨在最里面，与内耳相连。爬行动物则只有一块听小骨 —— 镫骨。另外，哺乳动物的下颌骨只有一块齿骨，而爬行动物的下颌骨由多块骨头构成。

看起来有些吓人的骨头，却是打开古生物知识宝库的钥匙。现在，你是不是已经修炼成"识骨"小达人了呢？

? 科 学 思 考

想一想：为什么哺乳动物能战胜当时不可一世的恐龙？和小伙伴们探讨一下吧！

16

重获新生的新生代哺乳动物

中生代被称为恐龙的时代，新生代则被称为哺乳动物的时代。6600万年前，陨石撞击地球、火山爆发等一系列自然灾害对于恐龙家族来说可谓灭顶之灾，整个家族只幸存了一支，演化成鸟类，飞上蓝天逃过一劫，曾经的辉煌在顷刻间灰飞烟灭。相反，哺乳动物却因祸得福，弱者逆袭，填补上了那些曾经被恐龙占据的生态位。曾经寄"龙"篱下的哺乳动物有了更广阔的施展空间，在新生代获得了新生。

最初生活在古新世（距今约6600万—5600万年）的哺乳动物与我们现在常见的哺乳动物在外形上有很大的区别，它们没有显著的特征，没有长牙和尖角，更没有大长腿，体形普遍较小。生活在古新世的阶齿兽，其体形大小如犬类，长有扁脚，行动笨拙而迟缓。它们的牙齿结构非常原始，是一类杂食性动物。古新世还生活着一种古老的食肉哺乳动物 —— 中兽，它们是食肉动物，却没有锋利的爪子，而是长有食草动物特有的蹄子。所以，也有古生物学家认为，它们可能

和政生物群（来源：陈瑜）

专门吃腐烂的食物。非常遗憾的是，这些个头不大、长相普通的新生代古老的哺乳动物已经全部灭绝了，没有留下后代。

古新世后就是始新世（距今约5600万—3390万年）。这一时期，奇蹄动物和偶蹄动物同时出现，繁盛一时。奇蹄动物和偶蹄动物主要是按照脚趾的数目来命名的，脚趾数为奇数的叫奇蹄动物，脚趾数为偶数的叫偶蹄动物。奇蹄动物包括马、犀、貘、雷兽和爪兽等，逐渐发展为优势物种。马类是奇蹄动物演化的重要代表，其演化趋势表现为体形增大、腿变长、脚趾数减少（最后演变为一个趾）、颊齿齿冠变高、脑容量扩大且复杂化，以及脸变长，等等。随着时间的流逝，奇蹄动物的种类和数量逐渐变少，雷兽和爪兽甚至都没有留下后代。

现在占据优势的是偶蹄类动物，包括猪、河马、羊、牛、骆驼、鹿、长颈鹿等多个类群。偶蹄动物之所以在后来的演化过程中比奇蹄动物演化得更成功，很大程度上得益于大多数偶蹄动物拥有复杂的消化系统和能够反刍的四个胃室。食物被咀嚼咬碎后，进入第一胃室和第二胃室，胃里的食物在细菌的作用下被消化成软块，这些软块又会重新返回到嘴里再次咀嚼，这就叫反刍。食物被再次咀嚼后，进入第三胃室和第四胃室进一步消化。这种进食方式有助于动物在危机四伏的环境中争分夺秒，快速进食，等转移到安全地带后，可以再不紧不慢地反刍消化。凭借更进步的消化系统以及其他演化因素，偶蹄动物最终强势崛起，取代奇蹄动物，在食草类哺乳类动物中占据了统治地位。

　　由于鱼龙、蛇颈龙，以及巨大的海生"蜥蜴"——沧龙等海洋爬行动物都在白垩纪末期随绝大多数恐龙一起灭绝了，海洋中大型动物的生态位也随之空了出来。到了5000万年前的始新世，从陆生的古老的偶蹄动物中演化出了一个向水域发展的分支，这就是鲸类，其中

包括已知最早的古鲸之一 —— 巴基鲸。也许是想尝尝海鲜的味道，也许是为了拓展生存空间，躲避陆地上猛兽的追逐和同类的竞争，这支"另辟蹊径小分队"纵身一跃，成为哺乳动物中的"海军"，逐渐占据了空缺待补的海洋生态位。

　　食肉动物是哺乳动物中最引人瞩目的类群，它们大多占据了食物链的顶端。为了能够捕杀其他动物，食肉动物演化出更强壮、更灵活的身体，"修炼"出更灵敏的视觉和嗅觉，以及更"聪明"的大脑。肉齿类被称为古食肉类，生活在古新世至中新世时期，捕捉

猎物的能力还较为有限。随着更多、更进步的食草动物的出现，真正的食肉动物在约4000万年前出现在地球上，一直发展至今，包括犬、熊、海豹、鼬等犬型类动物，以及虎、狮、灵猫、鬣狗等猫型类动物。

犬型类动物在演化的过程中，四肢变得更长，裂齿变得更锋利，脑容量也扩展了。犬型类从小型黄昏犬开始，经过一系列中间类型的演化，成为现在的狼和狗。犬型类动物的另一个演化方向是攀爬和杂食，以浣熊为代表。食肉动物中的另类——爱吃竹子的大熊猫，被认为与熊类的亲缘关系很近，它们的祖先始猫熊生活在800万—700万年前我国的云南地区。

猫型类动物大多活跃机敏，擅长猎食，包括小朋友们熟悉的各类"大猫"，其祖先以恐齿猫为代

表。曾经雄霸食物链顶端的各类剑齿虎也是猫型类动物中的"超级明星"。剑齿虎具有极度发达的匕首状的犬齿，北美大陆的拉布雷亚沥青坑中发现的刃齿虎是其中的典型代表。我国的河南、甘肃、安徽等地也曾生活过不同类型的剑齿虎类。

? 科 学 思 考

哺乳动物种类繁多，令人眼花缭乱。查阅相关资料，想一想：和政羊是羊吗？鬣狗是狗吗？一起来给哺乳动物分分类吧！

我们是谁

　　我们是谁？我们从哪里来？我们到哪里去？这三个看似简单的问题困扰了人类多时，至今引人深思。这些问题既关乎哲学，又关乎科学。从科学的角度，我们常说人类是由古猿演化而来的。那么人类和猿类之间，区分的标准是什么呢？现在的猿会不会变成人呢？

　　人类真的是由古猿演化成的吗？除了大家非常熟悉的《物种起源》，达尔文于1871年还出版过另一部巨著——《人类的由来及性选择》。在这本书里，达尔文阐述了人类在动物界中的位置，并根据人类与其他动物在胚胎学、解剖学、形态学等方面的相似性，得出人类起源于古猿的结论。1872年，达尔文又出版了《人类和动物的表情》一书，从基本的心理活动和表情、表现方面进一步论证了人类与古猿的关系。

　　过去，人们一直认为，能够制造和使用工具是人类区别于猿类的重要标志。但研究发现，黑猩猩会把草棍上的分杈和叶子捋掉，做成"垂钓"工具，伸进白蚁洞中钓取食物。由此可见，制造和使用工具并不是人类特有的本领。科学家们于是转变思路，把能够"保持长时间的直立行走"作为人类与猿类的主要区别。

　　分子生物学家研究了人类和现代大猿的DNA（脱氧核糖核酸）和蛋白质，推测在约800万—700万年前，人类就和猿类"分道扬镳"了。在相当长的一段时间内，生活在约400万—300万年前的南方古猿一直被认为是最早的人类成员。直到从20世纪90年代开始，非洲各地陆续发现了一些更早的人类化石，比如，2000年在肯尼亚图根山区发现的原初人图根种（距今600万年），因为化石发现于2000年（即千禧年），所以又被称为"千禧人"；2001年在埃塞俄比亚发现的地猿始祖种（距今580万—520万年）；2002年在乍得共和国发现的撒海尔人乍得种（距今700万—600万年）；等等。在古生物学家们的不懈努力下，人类的历史被不断向前推进，人类出现的时间已经接近分子生物学家们推测的人猿分界点。

1924年，南非发现了南方古猿非洲种，距今约280万年。此后，古生物学家们陆续发现了大量的不同时代的南方古猿化石，并根据生活环境、形态差异等将其主要分为粗壮型南方古猿和纤细型南方古猿两大类。粗壮型南方古猿已经灭绝，而纤细型南方古猿则一路向后期的人类演化，其脑量达到约500毫升，身体结构和早期人属的身体结构非常相似。1974年，科研人员在埃塞俄比亚发现了一具距今320万年的不完整的古人类化石，并将其命名为"南方古猿阿法种"。学术界普遍认为，该种南方古猿演化出了人属。因此，这具化石又被称作"人类之母"。这位"人类之母"只有约1.1米高，

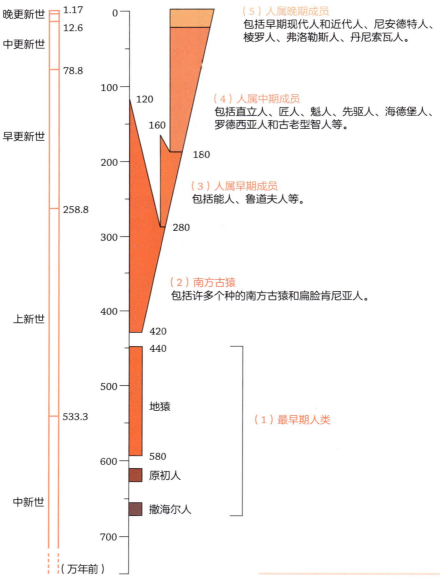

晚更新世 1.17
12.6
中更新世
78.8
早更新世
258.8
上新世
533.3
中新世

0
100
120
160
180
200
280
300
400
420
440
500
地猿
580
原初人
600
撒海尔人
700
（万年前）

（5）人属晚期成员
包括早期现代人和近代人、尼安德特人、棱罗人、弗洛勒斯人、丹尼索瓦人。

（4）人属中期成员
包括直立人、匠人、魁人、先驱人、海德堡人、罗德西亚人和古老型智人等。

（3）人属早期成员
包括能人、鲁道夫人等。

（2）南方古猿
包括许多个种的南方古猿和扁脸肯尼亚人。

（1）最早期人类

人类演化历程示意图（来源：《探秘远古人类》）

脑量约为350—400毫升。她还有一个可爱的昵称叫"露西"。之所以得名"露西",是因为发现者在进行挖掘工作时,一直在播放英国著名乐队——披头士的歌曲《缀满钻石天空下的露西》。后来,科研人员还在坦桑尼亚发现了露西的小伙伴的脚印化石。

能人是东非地区和南非的早期人属成员,生活在距今250万—160万年,与南方古猿共存了相当长的一段时间。能人与露西的共同特征是男女体形差别非常大。虽然能人的身材比露西略微瘦小,但是雄性能人的脑量已经达到约700—800毫升,雌性能人的脑量也可达500—600毫升。与露西相比,能人是典型的小身材、大脑袋。为什么叫"能人"呢?其中一个重要的原因是古生物学家发现能人已经能够制造和使用工具了。他们之所以如此"聪明",正是因为能够使用石器工具来肢解尸体、切割动物的毛皮和肉,摄取充足的肉类从而促进大脑的发育。脑量的增加表明能人的语言能力、意识和使用工具的能力也随之提高。

在能人之后,人类演化进入了直立人阶段,在北京周口店遗址发现的北京猿人就是这个阶段的典型代表。科研人员在北京周口店遗址

还发现了多处"有控制地用火"的证据。这说明在77万—20万年前，"北京人"已经能够控制、利用火烹烤食物，提高营养的摄入。

人类是由古猿演化而来的，这一说法已经被各种化石证据所证实。那么，现在的猿以后会变成人吗？答案是否定的。人和现生猿尽管拥有共同的祖先，但是他们却朝着不同的方向演化，且已经演化了数百万年。现生猿的祖先长期生活在树上，为了适应树上的生活，便于在林间穿梭，它们的前肢变得越来越长，已经不可能长时间直立行走。生物演化是不可逆的，现生猿的身体结构已经不可能转变为"保持长时间的直立行走"的状态了，所以也就不可能变成人了。

观察一下身边的动物，或者查阅相关资料，想一想：除了猿，还有其他动物会使用工具吗？

18

中国人从哪里来

最早期人类、南方古猿、人属早期成员（能人、鲁道夫人），这三个阶段的化石只在非洲有发现，因此，人类起源于非洲是不容置疑的。但是关于现代人的起源，学术界仍有诸多争议。

今天的人类属于晚期智人，又称为现代人。作为中国人，你肯定很好奇：中国人从哪里来？

最早期人类、南方古猿和人属早期成员（包括能人和鲁道夫人）这三个阶段的化石只发现在非洲，因此，"人类起源于非洲"的说法是毫无疑义的。但是关于现代人（也就是一些学者所说的"晚期智人"）的起源，学术界仍存在着争议。

如今，在地球上生活的人类都属于晚期智人，又称现代人。作为中国人，小朋友们肯定会问这样一个问题：中国人从哪里来？

说到中国人的起源，就不得不提大名鼎鼎的北京猿人 —— 他们可是响当当的北京城的"原住民"。20世纪20年代，外国学者在北京周口店地区挖掘出三颗古人类的牙齿化石，震惊了全世界。牙齿化石

尽管很重要，但毕竟能够提供的有效信息十分有限。直到1929年12月2日，古生物学家裴文中从北京周口店猿人洞中捧出了第一件北京猿人的完整的头盖骨。后来在1936年，贾兰坡先生又连续发现三件北京猿人的头盖骨，从此揭开了中国古人类和旧石器文化研究史的序幕。非常遗憾的是，1941年太平洋战争爆发前夕，为了躲避战火，当时的中国地质调查所决定将五件发掘出的北京猿人头盖骨和在周口店地区发现的其他重要化石装在两个大木箱中，送往美国研究机构暂时保管。没想到在运输途中，这批珍贵的古人类化石不翼而飞，至今仍是未解悬案，令人惋惜。1949年，中华人民共和国成立后，周口店遗址很快恢复发掘工作，并出土了大量化石，其中包括一些人类化石，为研究北京猿人提供了新的证据。北京猿人的平均脑量为1088毫升（现代人的脑量为1300—1500毫升），眉脊粗大，头骨壁比现代人的头骨壁厚，头顶有矢状脊，总体特征比较原始。过去的研究普遍认为，北京猿人生活的年代为50万—20万年前。近年来，科学家们采用新的测年方法，把其最早出现的时间提前到了77万年前，为北京猿人"增寿"20多万年。

1891年，荷兰军医杜布瓦在印度尼西亚发现了原始爪哇人的头盖骨和股骨化石，科学界一度认为其是猿而不是人。随着众多北京猿人化石和文化遗物的发现，证明了爪哇人和北京猿人一样，都属于人类家族的成员，同时确立了从猿到人的演化过程中有这样一个"直立人"的演化阶段。

关于北京猿人能否"有控制地用火"，学术界曾经众说纷纭，质疑声不断。有学者认为，猿人洞中出现的木炭、灰烬和烧过的动物骨骼有可能是自然火造成的，或者是地下水将这些灰烬搬运到洞中的，无法作为人类用火的有力证据。近年来，中国科学院古脊椎动物与古人类研究所利用一系列物理、化学处理技术，发现遗址中的其中一处用火遗迹经历过700摄氏度以上的高温加热，而在树桩、草丛等地发生的自然火的温度一般只能达到300摄氏度左右。所以，这是北京猿人"有控制地用火"的确凿证据。如此看来，说不定北京猿人会时常吃一顿烧烤，开个聚餐派对呢！

关于北京猿人是否是中国人的祖先，学术界还存在广泛争议。强调"连续进化、附带杂交"的"现代人多地区起源"假说认为，北京猿人与古老型智人拥有一系列共同的形态特征，与欧洲古人类也有相似之处，北京猿人应该是现代中国人的祖先，为后代提供了绝大多数的基因；而非洲起源假说认为，13万年前，来自非洲的早期现代人向世界各地扩散，取代了当地的古人类，成为各地现代人的祖先，而以北京猿人为代表的亚洲直立人则在人类的演化过程中已经灭绝了。究竟孰是孰非，具体过程如何，还需要未来发现更多的化石证据，或开发出更先进的技术分析方法，才能解开这个谜团。

除了北京周口店，古生物学家们还在我国10余处地点发现了直立人的化石，其中包括云南元谋人、陕西蓝田人、安徽和县人等。目前，元谋人被认为是已知的中国最早的直立人，生活在170万年前。但由于化石不是直接在地层中发现的，所以其生存年代还有争论。

除此之外，我国还有10余处地点出土了古老型智人的化石，其中包括陕西大荔人、辽宁金牛山人等，距今30万—20万年。

早期现代人又被称为"解剖学意义上的现代人"，属于传统意义上的晚期智人的范畴。古生物学家们在周口店不仅发现了北京猿人，还在附近的田园洞中发现了距今约4万年的早期现代人的化石。2009

年，古生物学家们在广西崇左地区发现了距今11万年左右的古人类下颌骨化石，其呈现进步与古老并存的镶嵌特点，处于古老型智人向现代人演化的过渡阶段。2015年，古生物学家们在湖南道县发现了47颗人类牙齿化石，距今12万—8万年。这些牙齿与早期现代人的牙齿几乎所有的特征都非常相近。对田园洞、崇左、道县等地的古人类化石的研究发现，早期现代人在东亚地区的形成过程具有连续演化的特点，其他地区的早期现代人简单替代东亚古人类的论点是不太可能成立的。

在我国，华南地区是现代人形成与扩散的中心区域。早期现代人以及现代类型的人类都可能首先在华南地区出现，然后向华北地区扩散。中国科学院古脊椎动物与古人类研究所研究员付巧妹及其团队最新的古基因组研究显示，我国南北方的古人群早在9500年前就已经分化了，并在至少8300年前已出现融合与交流，且一直以来，人群都是基本延续的，没有外来人群的"大换血"。但这一结论能否将我国南北方古人群的发展史向更早时期推进还存在疑问，有待于新的化石发现和研究。

科学思考

1. 查阅相关资料，和小伙伴们探讨一下，北京猿人是中国人的祖先吗？

2. 画一画人类演化各个阶段的示意图，并标注出每个阶段的特征。

19

生存还是毁灭？这是个问题

"生存还是毁灭？"寥寥几个字，哈姆雷特内心的煎熬便跃然纸上。在生物界，同样也是有生存也有毁灭。演化和灭绝时时刻刻都在发生，就像是一枚硬币的两面，几乎同时存在。在纷繁复杂的自然环境中，生存意味着生物对环境的适应，但这不代表生物就可以"一劳永逸"。随着时间的推移，当生存环境发生改变，一些生物无法适应这种改变，只能默默地消亡，最终走向灭绝。可以说，灭绝既有生物内在的原因，也有环境外在的原因。

有一种毁灭是全球性的，那就是生物的集群灭绝。这些集群灭绝事件突然降临，时间短，影响面广，而且破坏性极强。它们能打破整个地球的生态系统，使得地球上的绝大多数生物在较短的时间内"归西"，而且在相当长的一段时间内，生态环境都很难恢复到原有的状态。

目前，学术界普遍认为，在过去的5亿多年中，地球上的生物曾经历了五次生物大灭绝事件。有学者认为，这五次"灭顶之灾"导致过去的99%的生物物种消失，现在生活在地球上的生物都算是"幸运儿"，其中也包括我们人类。

这五次集群灭绝事件对于地球生命的打击和毁灭是灾难性的，它们分别发生在奥陶纪末期（距今4.44亿年）、泥盆纪晚期（距今3.75亿—3.6亿年）、二叠纪末期（距今2.54亿—2.52亿年）、三叠纪末期（距今2.01亿年）和白垩纪末期（距今6600万年）。

随着寒武纪生命大爆发，几乎所有现生动物的门类都出现了。奥陶纪末期，发生了第一次生物大灭绝。此次生物大灭绝分为两幕：第一幕与大冰期的出现有关，海平面不断下降（整整下降了50—100

米）导致一些生活在浅海的生物如腕足动物、珊瑚、三叶虫等相继灭绝。大灭绝进而扩展到深海，躲过第一幕灾难的少数腕足类和三叶虫适应了寒冷环境，逐渐繁盛起来。第二幕发生在大冰期结束后，当时海平面升高，大片浅海又变成了深海，原先适应浅海环境的腕足类、三叶虫、珊瑚等又一次遭到重创。这样的反反复复的灾难导致生态环境急剧恶化，进而发生了集群灭绝事件，将近85%的海洋动物在这次大灭绝中消失。

对泥盆纪晚期发生的第二次生物大灭绝的原因，学术界还有诸多争论。目前主要分成两种不同的观点：一种观点认为全球性的造

山运动使得海平面下降，有机物的堆积、腐烂导致大批海洋动物因缺氧而死亡；另一种观点认为火山喷发使得海水富营养化，造成多次藻类大爆发，导致海洋动物因缺氧而大量死亡。还有学者认为是小行星撞击地球从而引发了地球历史上最大规模的海洋动物灭绝事件。或许是多种原因交织在一起，才导致最后全球海洋中50%的属和75%的种荡然无存。

发生在二叠纪末期的第三次生物大灭绝最为悲壮和惨烈，导致全球约95%的海洋物种和超过75%的陆生脊椎动物彻底告别地球。科学家普遍认为，火山爆发是造成此次悲剧的最主要原因。火山陆续喷发，持续时间可达20万年，尘埃遮挡阳光，植物无法进行光合作用，而喷发产生的有害气体又使很多生物中毒身亡。随之而来的大量酸雨造成温室效应。雪上加霜的是，地球剧烈的板块运动产生海退现象，有机物富集，海水缺氧，使得整个海洋生态系统崩溃。作为似哺乳爬行动物的二齿兽类是熬过这次大劫难的"兽坚强"，而三叶虫和四射珊瑚家族在这次大灭绝后，则彻底告别了地球历史的舞台。

发生在三叠纪末期的生物集群灭绝是第四次生物大灭绝，这是一次相对比较"轻微"的灭绝，造成了大约70%—75%的物种灭绝。灭绝的原因至今不明，科学家推测，可能是因为火山爆发喷出大量的二氧化碳气体，产生温室效应，致使生物大灭绝发生。不幸中的万幸是，恐龙家族熬过了这次大灭绝，它们是名副其实的"龙坚强"。由于陆地上的一些爬行动物灭绝，给处于萌芽状态的恐龙家族腾出了生态位，恐龙得以在侏罗纪和白垩纪时期大规模发展，缔造

了中生代繁盛一时的恐龙帝国。

最后一次生物大灭绝就是我们都非常熟悉的恐龙大灭绝，发生在6600万年前的白垩纪和古近纪之交，也是中生代和新生代之交。发生在墨西哥尤卡坦半岛的陨石撞击事件和印度德干半岛的火山爆发事件被认为很可能是"始作俑者"，双重的打击使得地球上75%的生物（包括所有的菊石、蛇颈龙、沧龙以及非鸟恐龙）消失殆尽，标志着中生代恐龙帝国的终结。幸运的是，恐龙的后代 —— 鸟类作为"飞上蓝天的未亡的恐龙"躲过了这次劫难，延续了"龙坚强"家族的荣耀。

每次生物大灭绝发生时，总有一些看似弱小的生物躲进了避难所，有幸劫后余生，最终在恶劣环境改善后"弱者逆袭"，随着生态系统的复苏而辐射发展，一一占领那些因为前一次大劫难而腾出的生态位。正是由于非鸟恐龙的灭绝，空出的生态位被哺乳动物所填补，才会在遥远的未来出现我们人类。假如那块直径达1万米的陨石没有撞在地球上，现在的地球也许还是恐龙的天下呢！

1. 查阅相关资料，想一想：科学家们是怎样得出集群灭绝的结论的？

2. 梳理、归纳五次生物大灭绝发生的时间、特点和产生的影响，完成表格，你从中获得了哪些启发呢？

集群灭绝事件	时间	特点	影响
第一次生物大灭绝			
第二次生物大灭绝			
第三次生物大灭绝			
第四次生物大灭绝			
第五次生物大灭绝			

第六次大灭绝来了吗

　　目前，学术界公认地球上曾经发生过五次生物大灭绝，使得超过99%的生物物种彻底告别了历史的舞台。其实，这些惊天动地的大灭绝只发生在过去5亿年间，在此之前还发生过全球性的灾难事件。比如，距今24亿年和距今7亿—6亿年发生的"雪球地球"事件，使得整个地球被冰雪覆盖，连赤道地区也不例外。这些事件都会造成全球性的生物大灾难，只不过那时的生物以微生物为主，较难定量地判断大灭绝的规模。另外，早期的生物灭绝事件也会被后期的地壳运动所掩盖。我们目前所看到的，只是古老地球漫长征途的冰山一角。

在约38亿年的地球生命历史中，一次次的陨石撞击、大规模的火山喷发、全球海平面下降等重大灾难，对于固体地球本身而言并没有造成太大的伤害，但这些灾难对于地球生物圈却是致命的，直接导致生物多样性急剧下降，整个生物界几乎重新洗牌。无论何种曾经称霸地球的生物，在灾难面前都表现得弱小而无助，从数量庞大的三叶虫，到遍布世界各地的恐龙，再到不可一世的剑齿虎，不管有过怎样的辉煌，最终都挥挥手告别了地球，"不带走一片云彩"。在一次次大灭绝中，我们见证了大自然的力量和生命的脆弱。值得庆幸的是，灾难过后，腾出的生态位会迅速被那些过去看起来"平淡无奇"的生物所替代，新的辐射演化很快在"废墟"上重建。

已经发生的五次大灭绝显然与我们人类无关，但值得注意的是，不少现代的生物却由于人类活动而面临生存危机，甚至惨遭灭绝。这就是一些学者所说的"第六次大灭绝"，就发生在当前的地球上。对此，我们人类有着不可推卸的责任。

　　从700万年前人类出现至今，人类从能够直立行走到使用工具，到走出非洲，扩散到世界各地。如今的人类仿佛已经成为了地球的主宰，上能九天揽月，下能钻地入海。但人类在发展科学技术、扩展生存领域、提高生活质量的同时，也影响了地球上很多其他的生物。16世纪，荷兰水手首次登上印度洋的毛里求斯岛，大规模屠杀渡渡鸟为食并破坏了它们的栖息地。1662年，渡渡鸟灭绝。现在，我们只能去为数不多的几家博物馆观察渡渡鸟标本了。北美洲的旅鸽曾经是世界上最常见的鸟类之一，当时，人们用"遮天蔽日"一词来形容它们集体飞翔的盛况，但无聊的人类居然组织狩猎活动去

射杀无辜的旅鸽。1914年，旅鸽灭绝。澳大利亚曾经生存着一种长有育儿袋、外貌酷似斑纹狗的袋狼（又名塔斯马尼亚虎），只因它们会捕食羊群，便遭到牧民们的无情追杀。1936年，这种近代体形最大的食肉有袋类动物灭绝。

还有很多生物因为人类生产生活的间接原因而灭绝。比如，工业生产造成大量的废气排放，除了产生毒气和酸雨，还使得空气中的$PM_{2.5}$和二氧化碳超标，由此导致全球气候变暖，南北极冰川融化，海平面上升，大量的岛屿被海水淹没。此外，塑料诞生以来，也造成了严峻的"白色污染"问题，其分解物——微塑料已经随洋流遍布世界各个海域。2011年3月11日发生的日本大地震引发了巨大的海啸，致使福岛核电站发生泄漏事故。以上种种都会对海生生物和陆生生物造成重大危害，当然也会殃及我们人类自身。有学者认为，人类活动致使物种灭绝的速度是6000万年前正常背景下灭绝速度的100—1000倍，第六次大灭绝正在发生。但也有学者对第六次大灭绝的说法提出不同意见，认为虽然人类的生产生活直接或间接地影响了生物圈，但其危害性和影响范围与前五次全球性的生物大灭绝相比差距甚远，二者是不能相提并论的，第六次大灭绝的说法有些危言耸听，也高估了人类的力量。

虽然目前学术界仍有争议，但大家一致认可的是，我们人类的某些行为确实对地球的生物多样性造成了严重的破坏。我们应该认识到，人类（分类上属于脊索动物门、脊椎动物亚门、哺乳纲、灵长目、人科、人属、智人种）在整棵"生命之树"上仅仅是一片小小的"树叶"，人类在地球上出现的时间很晚，甚至人类的出现本身也是一个非常小概率的事件。如果把地球46亿年的历史比作一天的24小时，那么我们人类仅仅在最后的2分钟才出现在地球上。有学者作了个比喻：人类出现的概率就像掷骰子，要连续1万次掷出六点朝上，人类才会出现。所以，人类应该保持谦卑的心态，善待地球万物，保护地球的生物多样性。

2020年，新型冠状病毒肺炎更是给我们敲响了警钟。仅仅一个肉眼无法看到的病毒，就给人类生活和世界经济造成重大影响，全球社会几乎停摆。人类对自身和自然的掌控力远不如自己想象的那般强大。颇具讽刺意味的是，有科学模拟显示，当人类社会停摆后，

野生动物回来了，碧水蓝天重现了，所以真正需要保护的是我们人类自己。我们不是地球的主宰，仅仅是这个复杂生态系统中的一员，人类的健康发展依赖于与自然和其他生物的和谐共处。仔细想一想，我们应该怎么做吧！

? 科 学 思 考

想一想：人类应当如何实现与自然的和谐共处？